管道工程
水土保持监测技术

安润莲　安维忠　李玉俊　编著

黄 河 水 利 出 版 社

·郑 州·

内 容 提 要

本书以制订具有指导作用的监测方案为目的,论述管道工程水土保持监测方案制订的相关要求和技术,包括资料研读、监测内容遴选、监测分区和监测单元划分、监测设计、监测数据获取及处理、监测记录表格制作、气象观测、暴雨洪水调查等。

本书对各类开发建设项目水土保持方案的制订都具有启迪和借鉴作用。

图书在版编目(CIP)数据

管道工程水土保持监测技术/安润莲,安维忠,李玉俊编著. —郑州:黄河水利出版社,2012.8

ISBN 978 - 7 - 5509 - 0336 - 4

Ⅰ.①管… Ⅱ.①安…②安…③李… Ⅲ.①管道工程 - 水土保持 - 监测 Ⅳ.①S157②U172

中国版本图书馆 CIP 数据核字(2012)第 191960 号

组稿编辑:王志宽 电话:0371-66024331 E-mail:wangzhikuan83@126.com

出 版 社:黄河水利出版社 网址:www.yrcp.com
地址:河南省郑州市顺河路黄委会综合楼14层 邮政编码:450003
发行单位:黄河水利出版社
发行部电话:0371-66026940、66020550、66028024、66022620(传真)
E-mail:hhslcbs@126.com
承印单位:河南地质彩色印刷厂
开本:850 mm×1168 mm 1/32
印张:8.125
字数:204 千字 印数:1—1 000
版次:2012 年 8 月第 1 版 印次:2012 年 8 月第 1 次印刷

定价:32.00 元

前　言

开发建设项目水土保持监测,是预防和治理人为水土流失,保护和重建区域生态的基础性工作,是国家生态建设宏观决策的基本依据,同时也影响着国家产业结构调整的价值取向。为此,水利部于2002年颁布了水利行业标准《水土保持监测技术规程》(SL 277—2002),明确了开发建设项目水土保持的监测内容、监测原理及监测方法。2009年,《关于规范生产建设项目水土保持监测工作的意见》(水保〔2009〕187号)进一步规范了监测目的、监测分类、监测内容和重点、监测方式和手段、监测频率、监测报告、监测成果公告及监测管理等内容。

管道工程在开发建设项目中占有很大比例,特别是在我国西部地区,每年都有油田、气田内部管网建设工程和外输管道建设工程,水土保持监测任务繁重。由于管道工程线路长、地貌类型复杂、交通不便、工程类别及施工工艺多样等,监测工作实施难度较大,跑的路多,工作效率低的现象普遍存在。本书从制订具有指导作用的水土保持监测方案的目的出发,全面论述管道工程监测方案制订的相关内容,如资料研读、监测内容遴选、监测分区和监测单元划分、监测设计、监测数据获取及处理、监测记录表格制作等内容。同时,为了完善行业基础知识,应对监测期间可能出现的特殊事件的考虑,编写了气象观测及暴雨、洪水调查两章内容,以方便广大同行参考和借鉴。

本书第一章~第七章由安润莲编写,第八章由安维忠编写,附录由李玉俊编写。李斌、李怀有、王宏斌进行审查和审定。在本书的编写中,引用了《开发建设项目水土保持监测》的有关内容,并得到黄河上中游管理局原副总工程师李敏的指导和帮助,在此,向引用文献的作者和给予帮助与指导的领导致以深切的谢意。

作 者

2012 年 7 月

目　录

绪　论

(1)管道工程水土保持监测的特殊性。

管道工程具有三大显著特性:一是战线长,经过的地貌类型复杂。但凡管道工程,少则几十千米,多则上千千米,沿线经过多种水土流失类型区和多种地貌类型。这就要求水土保持监测进行总体部署,既要兼顾各种水土流失类型区,又要兼顾各类型区中的各种地貌类型,不可顾此失彼。二是工程类别及施工工艺多样。管道工程涉及的工程类别通常有管道作业带、穿(跨)越工程、伴行路、施工道路、站场、阀室等,施工工艺各不相同。就穿越工程来说,会因为穿越的对象、长度不同而采用定向钻穿越、顶管穿越和大开挖穿越等工艺,而各种工艺造成水土流失的主体对象以及形式是不同的,水土保持监测应照顾到所有穿越形式,分析不同穿越形式造成的水土流失程度。三是交通不便。主体设计中通常会有伴行路设计,但在实施中,会有各种因素制约伴行路的建设,监测过程中,有可能绕行几个小时才能到达施工地点。

上述特点使管道工程水土保持监测不同于其他点型或线型工程,它的监测内容远比其他工程丰富的多,实施起来困难的多。

(2)管道工程水土保持监测的技术保障。

鉴于管道工程水土保持监测的特殊性,必须制订切实可行的监测方案,指导监测工作的进行,避免盲目地走到哪是哪,走冤枉路、错失监测时机的情况发生。而制订一个好的监测方案,必须熟悉工程布局和工程沿线的地貌类型,这就要求在认真研读工程资料的基础上,开展尽可能详尽的前期勘察,统筹规划监测点位的水土流失区域分布和行政区域分布,确定监测点位置和监测手段。

在监测点数量的设置上,应遵循数理统计学原理,一个监测单元的监测点数量以 3 个为宜。有些水土保持方案设计 1 个监测点,这是不科学的,容易出现漏测或监测数据偏差大的问题。

实施监测工作的主要负责人,应掌握各种监测手段的基本原理,在出现特殊事件的情况下,采取合理的、简便易行的方法进行补救。

(3)树立为工程建设服务的理念,当好建设单位的技术参谋。

管道工程水土保持监测,不应只满足于监测工程水土流失状况,而应树立为工程建设服务的理念,当好建设单位的技术参谋。在监测现场,发现问题应及时指出,并提出建设性的处理意见。监测季报应重视"意见和建议"栏目的填写,使水行政主管部门能够了解到工程建设中遇到的主要问题和解决方案,使建设单位从中获得解决问题的办法和注意事项。如在"宁夏石化成品油外输管道工程"监测季报中,填写了"规范施工作业,将施工作业带控制在水土保持方案规定的 18 m 范围内",以及做好水土保持资料建档的有关要求和意见;根据施工现场情况,对石质地段管道上坡和下坡段,要求将方案设计中的"砾石压盖"变更为"石笼压盖",以增强坡面抗冲能力;在风沙区,根据现场实际提出"草方格宽度与未扰动区域衔接即可",不必硬性做到水土保持方案设计的"迎风面 80 m,背风面 20 m"的建议,避免了对未扰动区域的不必要扰动和破坏,同时减少了因此造成的资金浪费。

建设项目水土保持方案编制于工程可行性研究阶段,在实际施工中,或多或少都会有变更情况出现,水土保持监测应根据实际,及时纠偏,当好技术参谋。

第 1 章　资料研读

　　资料研读是掌握项目基本情况的前提,需要认真对待。主要监测人员通过资料研读,应该建立起清晰的监测工作思路,构架起监测工作的基本框架。对资料熟悉,则工作进展顺利;否则,将导致目标不清,工作被动,容易走弯路,浪费人力、财力,严重时还会错失时机,影响监测工作的正常开展,造成难以弥补的损失。

　　如何进行资料研读,研读过程要做哪些工作?作者的经验是:资料研读不仅仅是对资料进行浏览,而应对重点问题进行记录。记录的方式有多种,在管道工程中,由于情况复杂,采用表格记录清晰、简练,更容易使我们在千头万绪中快速发现问题,得到有益的帮助。

　　在资料研读过程中,应该掌握以下内容。

1.1　工程规模及建设环境

　　工程规模是工程建设的主要指标,通过资料研读对诸如管道长度、站场数量、地理位置、设计输送量、各区段管道尺寸、特殊区段情况、有无大型河流穿越、施工道路、伴行路等情况做到心中有数。同时,还应了解管道沿线经过的主要地貌类型,以及沿线经过的市、县(区)等行政区划,方便下阶段外业选点时对不同工程类型、不同地貌类型和不同行政区划进行综合考虑,使所选的监测点具有多方位、多角度的代表性。

　　工程计划进度是制定监测时段的依据,在资料研读阶段必须弄清工程总工期、计划进度等要素。

1.2 各工程单元基本情况

工程单元是水土保持监测的基本单元,各种监测项目的第一手监测数据都来自于各类工程单元。对工程单元的了解程度决定监测数据的准确程度,缺漏任何一项,都会造成该项监测内容的缺失。

管道工程的工程单元通常包括施工作业带、伴行路、临时施工道路、站场、阀室和管道四桩等,有些工程中还会因管道沿线没有现成可用的电源而架设输电线路。对施工作业带应了解不同地貌类型下的作业带宽度、管沟开挖尺寸;伴行路通常设置在交通不便的山区、风沙地段、荒漠戈壁、湿地等人烟稀少地区,不是沿线都有,因此要了解伴行路分布情况、各段路长度和宽度、道路类别,以及设计的土石方挖填情况;临时施工道路是在主要依托现有道路而未能到达施工现场的情况下修筑的小规模道路,应了解其分布等情况;站场、阀室和管道四桩属管道工程中的点式工程,应了解它们的位置、占地面积、占地类型等情况。

为便于下一步野外踏勘和监测方案的制订,在研读资料时应对各工程单元的基本情况列表记录。记录内容及表式如表1-1 ~ 表1-5 所示。

表 1-1 管道沿线水土流失类型记录

水土流失类型区	行政隶属			管道长度（km）
	省	市	县（区）	
水力侵蚀区				
风力侵蚀区				
水力、风力交错侵蚀区				
⋮				

表1-1记录管道在各种水土流失类型区的长度情况,以及在各县(区)的长度情况。划分各水土流失类型区,是为下阶段监测布点,并在监测结果中计算分析各个水土流失类型区水土流失量;划分县(区),是按水土保持方案技术规范要求,建设项目占地面积及损坏水土保持设施面积必须分县(区)统计,因此从基础做起,便于以后监测点布设和监测结果的统计分析。

表1-2 管道作业带设计情况记录

A 水土流失类型区				B 水土流失类型区				C 水土流失类型区			
作业带宽度(cm)	管沟(m)			作业带宽度(cm)	管沟(m)			作业带宽度(cm)	管沟(m)		
	口宽	底宽	深度		口宽	底宽	深度		口宽	底宽	深度

表1-2记录管道作业带在不同水土流失类型区开挖扰动的设计情况。管道敷设作业在不同水土流失类型区的扰动情况是不同的,如在黄土地区、土石山区、风沙地区、荒漠戈壁地区等,由于土壤组成与结构不同,管沟安全开挖及安全敷设施工的断面要求也不同。在管径确定的情况下,管沟断面大小取决于管沟安全施工的边坡要求。边坡大,管沟断面大,作业带宽度大;反之,管沟断面和作业带宽度小。弄清不同水土流失类型区作业带宽度情况,指导下阶段对不同作业带宽度进行布点和监测。

表1-3 伴行路及临时施工道路分布情况记录

水土流失类型区	行政隶属			伴行路		临时施工道路长度(km)
	省	地(市)	县(区)	长度(km)	路面材料	
水力侵蚀区						
风力侵蚀区						
水力、风力交错侵蚀区						
⋮						

表1-3记录伴行路及临时施工道路分布情况,也是按水土流失类型区和县(区)记录与管道沿线地貌类型相对应的。

表1-4 站场及阀室设计情况记录

水土流失类型区	站名(阀室号)	地点(县、乡、村)	占地面积(hm²)	占地类型
水力侵蚀区				
风力侵蚀区				
水力、风力交错侵蚀区				
⋮				

表 1-4 记录站场及阀室设计情况。站场及阀室是管道工程中的点工程,数量少,但每个站场占地面积大,是管道工程监测中不可忽视的监测单元,应详细记录,便于下阶段踏勘。

表 1-5　输电线路工程设计情况记录

水土流失类型区	行政隶属			线路情况		
	省	地(市)	县(区)	长度(km)	杆塔形式	塔杆数量(座)
水力侵蚀区						
风力侵蚀区						
水力、风力交错侵蚀区						
⋮						

表 1-5 记录输电线路工程设计情况。弄清输电线路在各个水土流失类型区的长度、杆塔形式、杆塔数量,便于我们在不同水土流失类型区对不同形式的杆塔进行布点监测。

在资料研读过程中,对各工程单元设计情况进行记录,是管道工程水土保持监测方案制订和监测结果分析评价的基础,如果仅资料研读还不能满足各种表式的记录要求,应在下阶段外业踏勘中进行补充、完善。

1.3　工程占地面积及土石方

工程占地面积及土石方是工程建设损坏地表、损坏水土保持设施,造成人为水土流失的主要因素,是监测扰动土地整治率、水土流失总治理度的依据,应对水土保持方案中的占地面积表和土石方平衡表进行照录。这里要说明的是,如果水土保持方案中对各个县(区)、各个工程区的数量表述不是很到位,有些很可能是给出笼统的数字,这就需要在资料研读过程中下工夫,依据各单元工程的情况介绍将其系统地划分开来,给将来区分各县(区)、各单元工程的监测数据创造条件。

1.4 水土保持措施布局及工程量

　　水土保持措施布局及工程量是监测水土保持措施数量及其防治效果的依据。现阶段水土保持方案多数是在可行性研究阶段完成的,水土保持方案中的水土保持措施布局没有做到定点定位,一般只告诉我们在某个水土流失分区内有什么,涉及哪些县(区)。经过资料研读后应该了解本项目的各类工程单元都设计了哪些措施,以及这些措施在各县(区)的分布及数量。有了这样的基础,我们在制订监测工作实施方案时,就可按县(区)列表,在将来的监测工作实施阶段,每到一个县(区),按照事先制好的表格逐项进行监测,使每到一处都能把要监测的项目做全,避免遗漏,避免走回头路。

　　表1-6在对作业带工程区占地面积进行记录时,分为临时占地和永久占地,这是因为管道工程的特殊性:管道工程敷设后管沟覆土不能采用机械压实,回填土有自然沉降过程,这就给水土流失监测布点造成困难。在水力侵蚀区,如果要采取径流小区的方式进行水土流失监测,小区必须布设在作业带上。监测小区要求保持布设后不再有人为扰动,但如果对各区段作业带占地类型不够清楚,布设在了农地、园地等经常扰动的生产用地上,此项监测将不能继续进行。

　　表1-7将水土保持措施数量明确到各水土流失类型区、各县(区)及各个工程单元,这样就能够很便利地指导水土保持措施数量监测项目的顺利进行。

表 1-6 工程区占地面积

(单位:hm²)

水土流失类型区	行政隶属			临时占地													永久占地					总计
	省	市	县(区)	管道作业带					渠道鱼塘河流穿越区			公路铁路穿越区			施工道路	供电工程区	合计	站场区	阀室及标志桩	伴行路	供电工程区	合计	
				耕地	园地	林地	草地	其他	渠道、鱼塘	河流	小计	等级公路	铁路及其他	小计									

表 1-7　水土保持措施数量

县(区)	工程措施				植物措施				临时措施			
	A 水土流失防治区				B 水土流失防治区				C 水土流失防治区			
	a. 工程 单元	b. 工程 单元	c. 工程 单元	d. 工程 单元	a. 工程 单元	b. 工程 单元	c. 工程 单元	d. 工程 单元	a. 工程 单元	b. 工程 单元	c. 工程 单元	d. 工程 单元

1.5 项目区气象站点情况

　　了解项目区气象站点分布情况,有利于决定气象监测点的取舍。管道工程建设工期短,监测年限短,在项目区监测中布设的气象监测点的监测资料很难用于评估项目建设的水土流失情况及其造成的危害。通常情况下,利用项目区气象监测资料只能进行年总量分析,要进行次降雨径流分析非常困难,所以如果项目区有可供利用的国家气象站点,就可不设气象监测点,充分利用现有资源,减少重复和浪费。

　　在国家气象站点不能涵盖的地区,如发生特大水土流失灾害事件,应及时调查暴雨、洪水情况,以取得资料,并进行暴雨、洪水灾害相关分析。

第2章 监测内容遴选

2.1 现阶段规定的监测内容和指标体系

《水土保持监测技术规程》（SL 277—2002）提出开发建设项目水土保持监测内容主要有三个方面：一是项目建设区水土流失因子，包括地形、地貌和水系的变化情况，建设项目占用地面积，扰动土地面积，挖方、填方数量及面积，弃土、弃石、弃渣数量及堆放占地面积，项目区林草覆盖度；二是水土流失状况监测，包括水土流失面积、水土流失量、水土流失程度变化情况以及对下游或周边地区造成的危害及危害趋势；三是水土流失防治效果监测，包括防治措施数量和质量，林草措施成活率、保存率、生长情况、覆盖度，防护工程的稳定性、完好程度、运行情况，各项防治措施的拦渣保土效果。上述监测内容是在小流域水土保持监测内容的基础上，针对开发建设项目特点提出的，目的是监测由于开发建设项目扰动引起的水土流失以及防治效果。

随着开发建设项目水土保持工作的深入开展，水土保持监测内容不断更新和丰富，现阶段在理论上，提出以下监测内容和监测指标体系。

2.1.1 水土流失因子监测指标

2.1.1.1 自然因子

影响水土流失的自然因子包括地形、气象、土壤、植被、自然资源和地质等。

1. 地形因子

地形因子包括地理位置、地貌形态类型与分区、海拔与相对高差、坡面特征(坡度、坡长、坡向、坡形等)。如果项目建设区水土流失防治责任范围较大,还要考虑流域或区域坡度组成、流域形状系数、沟谷长度与密度、沟谷割裂强度、主沟道比降等指标。风蚀区还应包括地表起伏度等指标。

2. 气象因子

气象因子包括气候类型与分布、气温与地温、≥10 ℃积温、降水量、蒸发量、无霜期、干燥指数、太阳辐射与日照等指标。风蚀区还应包括风速与风向、大风日数等指标。

3. 土壤(地面物质组成)因子

土壤(地面物质组成)因子包括土壤类型、土壤质地与组成、有效土层厚度等,或者地面物质的组分及其构成比例等指标。如果项目建设区中涉及树种、草种试验,还要考虑土壤有机质含量、土壤营养成分含量、土壤酸碱度、土壤阳离子交换量、土壤渗透速率、土壤含水量、土壤密度、土壤团粒结构等指标。

4. 植被因子

植被因子包括植被类型与植物种类组成、灌草盖度、树冠郁闭度、植被覆盖率等指标。

5. 自然资源因子

自然资源因子包括土地资源、水资源和生物资源等指标。土地资源主要包括土地面积、土地类型、土地资源评价和土地利用现状等指标。水资源主要包括年均径流及其不同径流深的地区分布、人均水量、不同地区地表径流的年际分布、年内季节分布、人均水量、不同地区地表径流的年际分布、年内季节分布、河川径流含沙量等指标。生物资源主要指植物资源,监测指标包括植物种类、组成等。

6. 地质因子

当发生水土流失灾害事件或发生大型崩塌、滑坡、泥石流及其剧烈侵蚀形式时,需要进行地质因子分析。地质因子包括地质构造特征、地层岩性特征、物理地质现象及新构造运动特征等指标。

2.1.1.2 人为因子

人为因子包括社会经济因子和建设项目活动因子。

1. 社会经济因子

社会经济因子包括人口总数、农业与城镇人口数量、人口密度、人口增长率等人口状况,以及国民经济生产总值、产业结构、人均收入、交通发展状况等指标。如果开发建设项目在农村,还要考虑人均耕地面积、基本农田面积等指标。

2. 建设项目活动因子

建设项目活动因子在开发建设项目中直接参与土壤组成物质的侵蚀、搬运、堆积等全过程,是在水土保持背景下诱发新的水土流失的直接因素。一般包括项目建设区占用地面积,扰动土地面积,挖方、填方数量及面积,弃土、弃石、弃渣数量及堆放占地面积等指标。

2.1.2 水土流失状况监测指标

2.1.2.1 坡面水力侵蚀监测指标

坡面是指各种开挖、堆积及其他方式形成的扰动坡面和未扰动坡面。坡面水力侵蚀监测指标主要包括坡面产流量、土壤流失形式和土壤流失量等。

2.1.2.2 区域水力侵蚀监测指标

区域是指项目建设区或者项目建设区的某个地方。区域水力侵蚀监测指标主要包括水土流失面积、流失强度、土壤流失量、侵蚀模数等。如果项目建设区对水系或河流扰动较大,还应监测河流水位、流量、含沙量、输沙量、输沙模数、径流模数及泥沙输移比等。

2.1.2.3 风力侵蚀监测指标

在以风力侵蚀为主的区域,风力侵蚀监测指标主要包括风蚀面积、风蚀强度、风蚀深度,沙丘移动、沙尘暴次数、降尘量等。

2.1.2.4 其他侵蚀状况监测指标

1. 重力侵蚀监测指标

重力侵蚀监测指标主要包括侵蚀形式及侵蚀数量。侵蚀形式如崩塌、崩岗、滑坡、泻溜等,侵蚀数量如撒落量、崩岗发生面积、滑坡规模、滑坡变形量等。

2. 混合(泥石流)侵蚀监测指标

混合(泥石流)侵蚀监测指标主要包括泥石流特征、泥石流浆体总量、泥石流冲击物量等。

3. 冻融侵蚀监测指标

冻融侵蚀监测指标主要包括冻土厚度、冻结期、热融位移量、热融侵蚀面积等。

2.1.3 水土流失危害监测指标

2.1.3.1 破坏土地(土壤)资源监测指标

破坏土地资源监测指标分为土地资源数量减少和土地质量下降两个方面。

1. 土地资源数量减少监测指标

土地资源数量减少监测指标主要包括工程占用(沟谷吞噬)面积、冲毁面积、沙淤积面积、重力侵蚀掩埋面积等。水土流失严重时,还应监测土地沙化面积、石漠化面积。

2. 土地质量下降监测指标

土地质量下降监测指标主要包括有效土层变薄、土壤肥力下降、土壤质量恶化和土壤污染等。

2.1.3.2 毁坏水土保持设施监测指标

毁坏水土保持设施监测指标主要包括毁坏的设施及其数量、程度等。水土保持设施主要包括林草植被、水土保持工程措施(梯田、小型水利水保工程、沟头防护、淤地坝、引洪漫地工程等)及其他有利于蓄水保土的农田基本设施。

2.1.3.3 泥沙淤积危害监测指标

1. 危害主体工程监测指标

危害主体工程监测指标主要包括对工程施工的进度与效率影响、工程设施设备损坏、施工人员安全危害等。

2. 危害设施利用监测指标

危害设施利用监测指标主要包括泥沙淤积的库坝数量及库容、淤积的河湖数量及淤积量、淤积的港口数量及淤积量等。

3. 洪涝灾害监测指标

洪涝灾害监测指标主要包括由于水土流失引起的洪涝、滑坡、泥石流和风沙等灾害及其导致的损失等。

2.1.3.4 水资源污染监测指标

水资源污染监测指标主要包括水体富营养物质(如增加水体的总磷、总氮、氨氮等)、非营养物质(如氟化物、挥发物、高锰酸盐指数、五日生化需氧量等)、病菌(如粪大肠菌群等)。特殊情况下,还需要调查污染造成的人、畜伤害等情况。

2.1.4 水土保持措施监测指标

2.1.4.1 水土保持措施类型

开发建设项目区水土保持措施分为拦渣工程、护坡工程、土地整治工程、防洪工程、防风固沙工程、泥石流防治工程、植被建设工程等七种类型。如果按属性划分,可以分为工程措施、植物措施两个方面。同时,为了防止施工过程中场地及其周边扰动面、占压区和开挖面的水土流失,通常采用表面覆盖、挡土挡石、排水、沉沙等临时措施。

2.1.4.2 水土保持措施监测指标

水土保持措施监测指标主要包括措施类型及其对应的数量、质量等。不同的水土保持措施类型,其对应的数量及其单位有所不同。对于以长度记录的措施,如沟头防护、排水沟、土地整治的田埂等,单位为 m、km 等;对于以面积记录的措施,如植被建设面积、土地整治面积、防风固沙面积等,单位常为 m^2、hm^2;对于以体积(容积)记录的措施,如护坡、拦渣等,单位常为 m^3、万 m^3 等。不同的水土保持措施类型,其对应的质量表征方式也不同。工程措施常用工程质量等级及保存率、完好率、稳定性、运行情况等表征其质量;植物措施常用工程质量等级及成活率、保存率、生长状况、林木密度等表征其质量。

2.2 管道工程水土保持监测内容遴选

2.2.1 管道工程水土保持监测目的

上述丰富而庞大的监测指标体系,是针对各行各业开发建设项目设置的,需要大量的人力、财力和时间支持,立足于通过各类工程水土保持监测,达到探索工程建设水土流失特点,为国家生态建设决策提供依据的目的。而建设工期仅一两年甚至几个月的管道工程,如何从中遴选出适合工程特点,又能实现国家规定的监测目标所要求的内容呢? 作者认为,管道工程水土保持监测内容应根据水利部《关于规范生产建设项目水土保持监测工作的意见》(水保[2009]187 号,简称水利部 187 号文件)要求的监测目的设置监测内容,即通过监测达到如下目的。

2.2.1.1 通过监测,能够协助建设单位落实水土保持方案

通过对项目建设扰动面积,挖填数量,弃土、弃渣数量及堆放面积监测,掌握工程建设施工情况,纠正和制止不规范作业、乱堆乱弃、随意扰动等现象,协助建设单位按照审批的水土保持方案组织施工,落实水土保持方案设计的各项防治措施,实现水土保持方案设计的目标。

2.2.1.2 通过监测,能够发现问题,提出优化水土保持设计的意见和建议

通过对各项水土保持措施的数量、进度,以及防治效果监测,

发现水土保持措施设计、施工和运行中存在的问题,提出完善和改进意见,保证水土保持措施的类型、数量和质量符合实际,能够发挥持续稳定的水土保持作用。

2.2.1.3 通过监测,能够提供水土保持监督管理技术依据

通过监测,能够科学、客观地分析评价工程建设水土保持措施落实及运行情况,为水行政主管部门的监督管理提供技术依据。

上述三方面目的,核心是使工程建设新增水土流失得到有效控制,工程建设损坏的地表得到全面治理和恢复。

2.2.2 管道工程水土保持监测内容

有效控制水土流失,全面治理和恢复损坏的地表将通过监测数据的约束得以实现。为达到水利部 187 号文件提出的监测目标,管道工程水土保持监测应考虑以下内容。

2.2.2.1 项目建设水土流失因子监测

项目建设水土流失因子监测包括工程建设扰动面积、影响面积、土石方挖填数量、弃土弃渣量及其堆放场地占地面积,以及列入水土保持方案的各类水土保持措施的实施进度。这项监测内容将水土流失因子监测限定在项目建设以内,即监测项目建设引发的水土流失因子,这样的监测内容具体,与工程建设联系紧密,容易实施,监测内容满足水利部 187 号文件第一条的要求。

2.2.2.2 项目建设水土流失动态状况监测

项目建设水土流失动态状况监测包括工程建设期、植被恢复期的土壤流失量,以及对周边及下游地区产生的或潜在的水土流失危害。这项监测内容用来说明工程建设引发的新增水土流失数量及其危害,是以具体的指标衡量项目建设产生的负面影响程度,以引起项目建设各方对落实水土保持方案的重视。

2.2.2.3 水土保持措施数量及防治效果监测

水土保持措施数量及防治效果监测包括水土保持措施类型、数量、质量以及防治效果。这项监测一是起到督促建设单位落实

水土保持方案设计的各项水土保持防治措施的作用,二是通过监测检验各项措施的适宜性,提出优化改进的意见和建议。

从满足上述三方面内容出发,展开对开发建设项目规定的监测指标的遴选。

2.2.3　水土流失因子监测指标遴选

2.2.3.1　地形因子指标

地形因子中规定的 10 项监测指标,其中的地理位置、海拔两项因子监测指标是管道工程必需的,可以通过 GPS 获取,用于说明建设地点的具体位置及高程。地貌形态类型及分区中的侵蚀地貌形态特征需要通过查阅资料的方法获取,以明确建设地点所在的水土流失类型区,判别水土保持措施布局的合理性。其他如坡面特征、流域形状系数、沟谷长度、沟谷密度、沟谷割裂强度、主沟道比降等,需要通过全面的流域普查或图斑调绘才能获取,通常用于流域规划,对呈线性布置且工期较短的管道工程,可不进行监测。

2.2.3.2　气象因子指标

气象因子中规定的 11 项监测指标均适用于管道工程。对于具体的管道工程,应根据工程所在的气候区类型选定监测项目。如在湿润半湿润季风地区,可只监测降水量、侵蚀性降雨、气温与地温、≥10 ℃积温、蒸发量和无霜期;在干旱和半干旱非季风地区,除监测上述项目外,还应监测干燥指数、太阳辐射及日照,以说明在什么样的干旱情况下,植物措施的出苗和生长情况;在荒漠戈壁或风沙区,则应监测风蚀指标,如风速与风向、大风日数等。

2.2.3.3　土壤(地面物质组成)因子指标

土壤因子中规定的 12 项监测指标,其中的地面物质的组成、土壤类型、土壤养分含量、土壤酸碱度及土壤含水量适用于管道工程,可通过对这些项目的监测说明土壤种属及其养分条件,分析在特定条件下土壤与植物的匹配关系。其他如土壤有机质含量、土壤阳离子交换量、土壤密度及土壤团粒结构等项目,应属基础理论研究范畴,可在大型建设项目中监测。

2.2.3.4 植被因子指标

　　植被因子中规定的 3 项监测指标均适用于管道工程,监测项目区未开工建设前的植被类型与植物种类组成、树冠郁闭度及植被覆盖率,作为工程建成后项目区植被恢复的对照系,说明工程建成后植被恢复的优劣,这是评价工程项目建设区植被恢复情况的重要指标。

2.2.3.5 自然资源及地质因子指标

　　自然资源及地质因子中规定的 8 项监测指标,一般情况下均不适用于管道工程。如发生特大水土流失事件,在分析事件的影响范围及影响程度时,可根据需要对某个或多个项目进行资料查阅。

2.2.3.6 社会经济因子指标

　　社会经济因子中规定的 9 项监测指标中,交通发展状况、人均耕地面积及基本农田面积监测指标适用于管道工程,可说明工程所在地区的交通和耕地状况,用做判别工程建成后农田恢复以及施工道路是否留做管道检修道路的必要性,必须监测。其他如人口指标、产业结构及国民生产总值,是说明项目所在区域社会经济的总体情况的指标。在 20 世纪八九十年代,工程建设机构或团体刚刚发展,工程建设的人力资源主要依靠工程建设区的劳动力,而目前我国管道工程主要依托有资质的专业建设队伍,因此监测项目区人口和劳动力指标已对工程建设没有太大的意义,可不监测。

2.2.3.7 建设项目活动因子指标

　　建设项目活动因子中规定的 5 项监测指标均适用于管道工程,这些指标用来说明工程建设损坏土地、损坏水土保持设施数量、弃土弃渣数量、新增水土流失来源,是管道工程水土保持监测的重点。

　　水土流失因子监测指标遴选如表 2-1 所示。

表 2-1　水土流失因子监测指标遴选

因子类型	序号	监测指标	监测要求	监测时段	适用性
地形	1	地理位置	用经纬度表示,也可用重要城镇相对位置说明	1 次	适用
	2	地貌形态类型及分区	中、小地貌形态,侵蚀地貌形态特征、类型及组合,分布与流失强度分区的关系	1 次/5 a	部分适用
	3	海拔与相对高差	最大高程、最小高程及高差。若建设区较大,可按水系或者分区分别说明	1 次/5 a	部分适用
	4	坡面特征	地面起伏程度、平均坡度、坡长、坡向与坡形及其变化范围	1 次/5 a	不适用
	5	流域坡度组成	各级坡度面积及所占比例	1 次/5 a 或 1 次/a	不适用
	6	流域形状系数	形状特征、长宽度(最大、平均)、形状系数与暴雨产汇流特征	1 次/5 a 或 1 次/a	不适用
	7	沟谷长度	测量不小于 200 m 的切沟长度,较大建设区可分区测量	1 次/5 a 或 1 次/a	不适用
	8	沟谷密度	计算沟谷面积,较大建设区可分区、分级计算	1 次/5 a 或 1 次/a	不适用
	9	沟谷割裂强度	测量沟谷面积,较大建设区可分区测量	1 次/5 a 或 1 次/a	不适用
	10	主沟道比降	平均比降及年度变化,也可绘制比降变化图	1 次/5 a 或 1 次/a	不适用

续表 2-1

因子类型	序号	监测指标	监测要求	监测时段	适用性
气象	1	气候类型与分区	区内气候类型特征及其与水土流失的关系	1 次	适用
	2	降水量	区内多年平均降水量、最大降水量、最小降水量、最强降雨及年际分配,本年降水特征及与侵蚀关系、重点暴雨类型及分布	1 次/5 a 或实时	适用
	3	侵蚀性降雨	区内多年平均值及变化范围、特征值、本年监测值及一次最大侵蚀性特征、最强侵蚀性特征	1 次/5 a 或实时	适用
	4	气温与地温	区内多年平均值、1 月和 7 月均值,本年气温平均值、最大值、最小值及变率	1 次/5 a 或2 时段定时	适用
	5	≥10 ℃积温	区内多年平均值,起止日及变化,本年监测值	1 次/5 a 或2 时段定时	适用
	6	蒸发量	区内多年平均值、最大值、最小值;重点监测点监测水面蒸发和土壤蒸发,取得本年特征值并比较	1 次/5 a 或2 时段定时	适用
	7	无霜期	区内多年平均值、最大值和最小值、月分配,观测年值及变化	1 次/5 a 或2 时段定时	适用
	8	干燥指数	区内多年干燥指数值;重点监测点实测本年干燥指数值,说明气候干、湿变化	1 次/5 a 或1 次/a	适用

因子类型	序号	监测指标	监测要求	监测时段	适用性
气象	9	太阳辐射及日照	区内多年辐射与日照均值、最大值和最小值;重点监测点本年实测值,并比较	1 次/5 a 或 2 时段定时	适用
	10	风速与风向	区内多年平均值、最大值和最小值、月分配、优势风及总量,观测年值及变化	1 次/5 a 或 实时	适用
	11	大风日数	区内多年平均值、最大值和最小值、月分配,观测年值及变化	1 次/5 a 或 实时	适用
土壤(地面物质组成)	1	地面物质的组成	在山区,根据山区地面物质组成中土与石占地面积的比例,划分土质、石质或土石山区,重点监测裸岩面积;在丘陵或高原区,根据丘陵或高原地面物质组成中的土类划分,如东北黑土地区、西北黄土地区、南方红壤土地区等,重点监测土层厚度;在沙漠或沙地地区,根据地面覆盖明沙的程度,确定沙漠或者沙地的范围,着重了解沙丘移动、治理面积、厚度及沙化土地等情况	1 次/5 a 或 1 次/a	适用
	2	土壤类型	土壤种属及分布面积	1 次/5 a	部分适用
	3	土壤质地与组成	区内主要土种、小区内土壤的机械组成	1 次/5 a	部分适用

续表 2-1

因子类型	序号	监测指标	监测要求	监测时段	适用性
土壤（地面物质组成）	4	有效土层厚度	区内主要土种有效厚度及分布面积、区内土壤结构特征及厚度	1 次/5 a	部分适用
	5	土壤有机质含量	主要土种，或小区内各处理层有机质含量及年变化	1 次/5 a	不适用
	6	土壤养分含量	区内及小区内土壤养分含量,小区内分层养分和有效养分含量	1 次/5 a 或 1 次/a	适用
	7	土壤酸碱度	区内主要土种及小区内土壤 pH	1 次/5 a	适用
	8	土壤阳离子交换量	区内主要土种及小区内土壤阳离子交换量	1 次/5 a	不适用
	9	土壤渗透速率	区内主要土种及小区内土壤渗透性能	1 次/a 或 定时	不适用
	10	土壤含水量	区内主要土种及小区内土壤含水量	1 次/a 或 适时	适用
	11	土壤密度	区内主要土种及小区内土壤分层观测	1 次/5 a 或 1 次/a	不适用
	12	土壤团粒结构	区内主要土种及小区内土壤分层观测	1 次/5 a 或 1 次/a	不适用

因子类型	序号	监测指标	监测要求	监测时段	适用性
植被	1	植被类型与植物种类组成	区内植被类型,自然和人工植被种类,生长及经济产量。若在风沙区,监测植被类型及常见种类、生长等特征	2 次/5 a 或 2 次/建设期	适用
	2	树冠郁闭度	主要乔木林(天然、人工、经果)平均郁闭度及变化范围与龄级关系	1 次/(1~2) a	适用
	3	植被覆盖率	天然草、人工草盖度及月变化,小区内人工作物植被盖度及月变化	1 次/(1~2) a 或适时	适用
自然资源	1	土地资源利用状况	区内前 5 年平均状况,监测年耕地、林果草、水域、工矿、道路、村镇、未利用地等	1 次/2 a	不适用
	2	水资源利用状况	区内水资源总量,开发利用方式、利用数量及利用率,变化利用前景	2 次/5 a 或 2 次/建设期	不适用
	3	地下水	主要为水质及埋深	1 次/10 a	不适用
	4	河流径流特征	若监测多年,调查出平均年径流量、洪峰模数、径流系数;实测径流过程及年变化,取得各径流要素	适时观测	不适用
	5	河流泥沙特征	若监测多年,说明年平均输沙量、含沙量、输沙率及模数和变化;实测年输沙过程及变化	适时观测	不适用

续表 2-1

因子类型	序号	监测指标	监测要求	监测时段	适用性
地质	1	地层岩性特征	建设区及沟间、沟谷地层出露,岩性特征及对侵蚀产沙影响;风蚀区域或沙岩区岩性与地层出露,结构构造与抗蚀特性	1次/5 a 或 1次/建设期	不适用
	2	物理地质现象	滑坡、崩塌数量、规模及密度,活动及危害,冲刷及堆积,裸坡泻溜面积比	1次/5 a 或 1次/建设期	不适用
	3	水文地质现象	渗漏、曲流、地下水出露、流量,以及对沟谷冲刷、坡脚稳定的影响	1次/5 a 或 1次/建设期	不适用
社会经济	1	人口总数	区内人口总数、变化、农业与非农业人口、男女性人口	2次/5 a 或 2次/建设期	不适用
	2	人口密度	区内平均值及变化	2次/5 a 或 2次/建设期	不适用
	3	人口增长率	平均自然增长、迁移变化	2次/5 a 或 2次/建设期	不适用
	4	国民生产总值	前5年监测值,监测期年总值	2次/5 a 或 2次/建设期	不适用
	5	产业结构	前5年产业结构,监测期产业结构	2次/5 a 或 2次/建设期	不适用
	6	人均收入	前5年平均值,监测期年实际值	2次/5 a 或 2次/建设期	不适用
	7	交通发展状况	公路铁路现状、发展计划、前景,以及对生产发展的影响	2次/5 a 或 2次/建设期	适用

因子类型	序号	监测指标	监测要求	监测时段	适用性
社会经济	8	人均耕地面积	总量及变化情况	2 次/5 a 或 2 次/建设期	适用
	9	基本农田面积	近年变化	2 次/5 a 或 2 次/建设期	适用
建设项目活动	1	占用地面积	永久占地和临时占地面积	1～2 次/a	适用
	2	扰动土地面积	位置、面积	1～2 次/a	适用
	3	挖方数量及面积	挖方位置、挖方点数量、方量、面积	1～2 次/a 或适时	适用
	4	填方数量及面积	填方位置、填方点数量、方量、面积	1～2 次/a 或适时	适用
	5	弃土(石、渣)数量及堆放占地面积	弃土、弃石、弃渣位置、处数、方量及面积	1～2 次/a 或适时	适用

2.2.4 水土流失状况监测指标遴选

2.2.4.1 坡面水力侵蚀因子指标

坡面水力侵蚀因子中规定的土壤流失形式和土壤流失量适用于管道工程。实际应用时,应根据管道工程沿线地貌条件进行布设,在山区和丘陵区,监测坡面土壤流失形式和土壤流失量,说明工程建设新增水土流失在坡面的发生和发展,以及坡面土壤流失在新增水土流失中的比重。

2.2.4.2 区域水力侵蚀因子指标

区域水力侵蚀因子中的水土流失面积、流失强度和土壤流失量适用于管道工程。其他如水位、流量、含沙量、径流量、输沙量、径流模数、泥沙输移比等,需要对完整流域进行监测,且需要较长的资料系列才能说明问题,不适用线性且监测年限较短的管道工程。

2.2.4.3 风力侵蚀因子指标

风力侵蚀因子中的风蚀面积、风蚀强度及沙尘暴次数监测项目适用于管道工程,用于说明工程建设造成的风力侵蚀面积及侵蚀量,是风力侵蚀地区水土流失监测的主要内容。其他如风沙强度与频度、优势风沙、风沙流强度、风蚀深及沙丘移动,短期监测资料没有分析利用价值,可不监测。

2.2.4.4 其他侵蚀指标

一般情况下可不监测。在特殊情况下可以利用查阅资料的方法获取。

水土流失状况监测指标遴选如表 2-2 所示。

表 2-2　水土流失状况监测指标遴选

水土流失类型	序号	开发建设项目监测指标	监测要求	监测时段	适用性
坡面水力侵蚀	1	坡面产流量	包括未扰动和扰动坡面;多年坡面产流量均值,本年监测各种措施,各种坡度、坡长的产流量、产流总量	1 次/5 a 或适时	不适用
	2	土壤流失形式	包括面蚀、细沟、浅沟等形式的面积与尺寸	1 次/5 a 或适时	适用
	3	土壤流失量	包括未扰动和扰动坡面;多年流失均值,本年监测各种措施,各种坡度、坡长的产沙量	1 次/5 a 或适时	适用

水土流失类型	序号	开发建设项目监测指标	监测要求	监测时段	适用性
区域水力侵蚀	1	水土流失面积	建设期流失面积变化,区域较大时刻分区	1～2 次/a	适用
	2	流失强度	区内平均值及范围,不同级别面积、分布、比例及侵蚀强度值	1～2 次/a	适用
	3	土壤流失量	监测点年流失量、代表范围	适时	适用
	4	水位	流域常流量水位,暴雨洪水位及变化,年(月)或次暴雨平均水位	适时	不适用
	5	流量	常流量,暴雨洪水流量及变化,年、月或次暴雨平均流量,最大流量	适时	不适用
	6	含沙量	平均含沙量,最大、最小值,各次含沙量变化	适时	不适用
	7	径流量	次径流量、年总径流量、洪水径流量,径流模数,径流系数	适时	不适用
	8	输沙量	流域次输沙量和年总输沙量,有条件同测悬移质和推移质,输沙模数、调查的侵蚀模数	适时	不适用
	9	径流模数	平均值、各年值,小区各次值及年值	定时	不适用
	10	泥沙输移比	多年平均值,较大流域可分小流域计算	1 次/(3～5)a	不适用

水土流失类型	序号	开发建设项目监测指标	监测要求	监测时段	适用性
风力侵蚀	1	风蚀面积	区内风蚀总面积	1～2 次/a	适用
	2	风蚀强度	区内依据盖度或风蚀深分级,或分区进行监测	1～2 次/a	适用
	3	风沙强度与频度	区内起沙风的年总和,平均天数及月分配,观测期年值及月变化	适时	不适用
	4	优势风沙	区内年均值及风向,最大值和最小值,月分配,观测期年值及月变化	适时	不适用
	5	风沙流强度	区内多年平均值、最大值和最小值,观测期历次值及变化	适时	不适用
	6	风蚀深	观测风蚀及风变化或风积值	适时	不适用
	7	沙丘移动	多年平均值及移动方向、变化,观测区移动变化、方向	适时	不适用
	8	沙尘暴次数	多年平均值、最大值、最小值,可分级分区说明,观测区年值及分配	适时	适用
其他侵蚀	1	撒落量	区内裸被、裸岩面积及占坡面比例,观测撒落量及月变化	定时	不适用
	2	滑坡规模	区内滑坡、崩塌规模、活动量及产沙情况	定时	不适用

水土流失类型	序号	开发建设项目监测指标	监测要求	监测时段	适用性
其他侵蚀	3	泥石流冲出物量	区内泥石流活动情况、次数、冲出量及对产沙影响	定时	不适用
	4	崩岗发生面积	花岗岩风化区崩岗发生面积,占总面积百分数,发生规模,原因分析	定时	不适用
	5	崩岗侵蚀量	花岗岩风化区崩岗发生规模、变化及侵蚀量、分布密度、平均输移特征及模数	定时	不适用
	6	冻融侵蚀冰渍物堆积量	年堆积或分区进行监测	定时	不适用

2.2.5 水土流失危害监测指标遴选

2.2.5.1 破坏土地资源监测指标

破坏土地资源因子中的 10 项监测指标均适用于管道工程,在具体项目中,应根据项目所在地的地面物质组成设定监测项目,如在南方红土地区,就可以不设置沙化(石漠化)面积监测项目,在黄土高原地区,就可以不设置滑坡(泥石流)掩埋面积监测项目等。

2.2.5.2 破坏水土保持设施监测指标

破坏水土保持设施监测指标适用于管道工程。

2.2.5.3 泥沙淤积危害监测指标

泥沙淤积危害中的 5 项监测指标一般情况下适用于管道工程,在具体项目中,危害主体工程和洪涝灾害因子应列为必需的监测项目,其他因子则应根据项目区具体情况确定。

2.2.5.4 水资源污染监测指标

水资源污染监测指标理论上应列为监测指标,但在由谁来监测的问题上,作者持不同观点——所列 7 项监测指标不应归于水土保持监测范畴。

水土流失危害监测指标遴选见表2-3。

表 2-3 水土流失危害监测指标遴选

水土流失危害类型	序号	开发建设项目监测指标	监测要求	监测时段	适用性
破坏土地资源	1	工程占用(沟谷吞噬)面积	占用土地类型与面积及其发展,沟头延伸、沟岸扩展	1 次/10 a 或 1 次/a	适用
	2	洪水冲毁面积	区内冲毁面积与进展	1 次/a	适用
	3	滑坡(泥石流)掩埋面积	区内掩埋面积与进展	1 次/a	适用
	4	沙积面积	区内泥沙堆积面积与进展	1 次/a	适用
	5	沙化(石漠化)面积	区内沙化(石漠化)面积与进展	1 次/10 a 或 1 次/a	适用
	6	土地生产力下降损失	通过典型对比,按等级、面积、产量计算	1 次/a	适用
	7	土壤肥力下降	扰动土观测,与对比样地对比分析	1 次/a	适用
	8	有效土层变薄	扰动土观测,与对比样地对比分析	1 次/a	适用
	9	土壤质量恶化	扰动土观测,与对比样地对比分析	1 次/a	适用
	10	土壤污染	扰动土观测,与对比样地对比分析	1 次/a	适用

水土流失危害类型	序号	开发建设项目监测指标	监测要求	监测时段	适用性
破坏水土保持设施	1		破坏的设施及其数量、破坏程度等		适用
泥沙淤积危害	1	危害主体工程	延迟施工进度、降低施工效率、损坏工程设施设备、人员安全、工程安全等	适时	适用
	2	库坝淤积	淤积库坝的数量、库容、占库容比例等	1 次/a	适用
	3	河湖淤积	淤积河道、湖泊的数量及厚度	1 次/a	适用
	4	港口淤积	淤积港口的数量和厚度	1 次/a	适用
	5	洪涝灾害	灾害及受灾、损失折价	适时	适用
水资源污染	1	总磷	区内或下游,洪水期或定时对比分析	适时	不适用
	2	总氮	区内或下游,洪水期或定时对比分析	适时	不适用
	3	氟化物	区内或下游,洪水期或定时对比分析	适时	不适用
	4	挥发物	区内或下游,洪水期或定时对比分析	适时	不适用
	5	高锰酸盐指数	区内或下游,洪水期或定时对比分析	适时	不适用
	6	五日生化需氧量	区内或下游,洪水期或定时对比分析	适时	不适用
	7	粪大肠菌群	区内或下游,洪水期或定时对比分析	适时	不适用

2.2.6 水土保持措施监测指标遴选

水土保持措施监测指标体系所列各项监测项目均适用于管道工程。在具体项目中,应根据水土保持方案设计的水土保持措施类型、措施数量设定监测项目。

水土保持措施监测指标遴选见表2-4。

表2-4 水土保持措施监测指标遴选

序号	水土保持措施	监测要求	适用性
1	防治措施工程量	各阶段各种措施数量和质量,以及治理期累计量	适用
2	拦渣工程量	以拦渣为目的各种建筑物的数量和质量,包括分年(时段)新增拦渣工程的方式、工程量,以及项目建设累计量	适用
3	护坡工程量	对不稳定边坡采取各种措施的数量和质量,包括分年(时段)新增的护坡工程的方式、工程量,以及项目建设累计量	适用
4	土地整治工程面积	建筑扰动区土地整治工程的数量和质量,包括分年(时段)新增的土地整治工程的方式、工程量,以及项目建设累计量	适用
5	防洪排导工程量	用以防洪排导的各项工程的数量和质量,包括分年(时段)新增的防洪排导工程的方式、工程量,以及项目建设累计量	适用

续表 2-4

序号	水土保持措施	监测要求	适用性
6	降水蓄渗工程量	用以防拦截降水并蓄水的各项工程的数量和质量,包括分年(时段)新增的降水蓄渗工程的方式、工程量,以及项目建设累计量	适用
7	防风固沙工程量	用以防风固沙保护主体工程的各项工程的数量和质量,包括分年(时段)新增的防风固沙工程的方式、工程量,以及项目建设累计量	适用
8	植被建设工程量	建设区和直接影响区植被建设的各项工程的数量和质量,包括分年(时段)新增的植被建设工程的方式、工程量,以及项目建设累计量	适用
9	临时工程工程量	建设区和直接影响区临时工程的各项工程的数量和质量,包括分年(时段)新增的临时工程的方式、工程量,以及项目建设累计量	适用

第3章 监测分区和监测单元划分

3.1 监测分区

进行监测分区和监测单元划分是管道工程水土保持监测的基本技术之一。管道工程战线长,有可能跨越多种地貌类型,而各种地貌类型的土壤侵蚀类型是不同的。我国现行《土壤侵蚀分类分级标准》(SL 190—2007)以发生学原理,将我国土壤侵蚀分为三大类型,即水力侵蚀、风力侵蚀、冻融侵蚀。我国西北地区的管道工程,有可能跨越其中的两个或者三个土壤侵蚀类型区,如黄委西峰水土保持科学试验站承担监测的宁夏石化成品油外输管道工程,就跨越了黄河阶地水力侵蚀区和阿拉善高原风力侵蚀区两种水土流失类型区。水力侵蚀与风力侵蚀的成因各异,监测项目及监测方法不同。进行监测分区,便于确定监测项目、监测方法及监测设施。即使在同一侵蚀类型区,由于地形地貌及土壤植被等条件不同,土壤侵蚀程度也是不同的。只有进行监测分区,分别对各种地貌类型进行监测,才能够说明建设项目在各种地貌条件下的土壤流失状况。因此,进行监测分区是管道工程水土保持监测的基本技术之一,分区科学合理,对构建合理的监测平台起到条理化、体系化、提纲挈领的作用。

实际工作中,可根据以下思路进行分区:

(1)一级分区按水土流失类型区划分。若工程跨越了两个以上水土流失类型区,应将不同水土流失类型区作为一级监测区,这样监测结果分开可以详细说明每一种水土流失类型区水土流失强度、数量等特性,合在一起又能说明建设项目水土流失的整体情况。

(2)二级分区按地貌类型划分。在各个水土流失类型区内,按山区、丘陵区、平地区等地貌类型划分二级分区,这样监测结果能说明在同一侵蚀类型条件下,不同地貌类型产生的水土流失强度、数量等特性。

3.2　监测单元划分

管道工程施工单元通常包括管道作业带、伴行路、临时施工道路、站场、阀室和管道四桩等,有些工程中还会因管道沿线没有现成可用的电源而架设输电线路。如果在山区或者丘陵区,特别是土石山区,还会因伴行路的修建或者挖方不适合回填而产生弃渣,出现弃渣场施工单元。各个施工单元因其扰动程度不同,产生的水土流失影响不同。在水土保持监测工作中,应对各种施工单元进行监测,以监测结果说明各个施工单元的水土流失情况。通常将施工单元作为监测单元,这是在没有足够数据支持能说明哪些施工单元的扰动程度相同,可以合并为同一监测单元的情况下的一种保守而合理的分法。在进行监测设计时,首先要制作监测分区与监测单元划分框架图(见图3-1),将各个监测单元按其所在类型区置于各个监测分区之中,这样从图上可以清楚地知道在某一监测区内,有哪些监测单元,从而确定监测项目和监测点位。

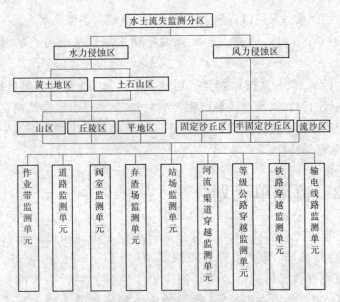

图 3-1　监测分区与监测单元划分框架图

第 4 章　监测设计

4.1　踏勘选点

　　管道工程水土保持监测采用的是以点推面的技术手段,也就是通过监测点的监测数据来反映工程建设水土保持总体情况。因此,监测点的选取非常重要,是水土保持监测工作中的重要环节。

　　为获取完整有效的监测数据,监测点布设应按监测分区系统布设,并以监测单元为监测点,布设基本单元。

4.1.1　准备工作

　　在踏勘准备阶段,应根据图 3-1 的监测分区与监测单元划分情况,确定各个监测区内各种监测单元监测点的数量,并在图上初步标出既定位置,用以指导下一步的踏勘选点工作。监测点数的确定,根据数理统计学原理,一般以 3 个为宜,即各个监测单元的监测点数应为 3 个。同时,水土保持监测的核心内容就是要监测项目建设区新增水土流失数量和强度,为便于说明这个问题,各个监测点应设置一个对照监测点,即原地貌水土流失监测点。

　　各监测单元监测点数量设置概图如图 4-1 所示。

4.1.2　选点原则

　　(1)代表性原则:选择的监测点能代表监测单元的整体情况。

　　(2)相对稳定原则:选择的监测点应在监测期内保持相对稳定,不再有工程建设以外的人为扰动(不含管沟后期植被恢复措

图 4-1　各监测单元监测点数量设置概图

施),如耕种等。

(3)监测数据可信原则:如在风力侵蚀区,如果将作业带工程区的监测点布设在作业带上,就失去了监测的意义。

(4)兼顾行政区划原则:尽量做到沿途各个县(区)都有监测点,以便按行政区统计有关数据。

4.1.3　选点注意事项

根据选点原则,在进行水土流失量监测点选点时,应注意下列问题:

(1)在水力侵蚀区,作业带工程区的监测点不应布设在耕地、果园等扰动频繁的区域。

(2)在风力侵蚀区,作业带工程区的监测点应避开管沟位置,布置在作业带临时堆土一侧,因为作业带有一个相对较长的自然沉陷期,钢钎出露长度内含地面沉陷量,不能反映风力侵蚀强度。

4.1.4　监测点定位方法

为合理布设监测点位,并做到一次完成,不遗漏、不缺失,不走回头路,踏勘选点应"按图索骥",每确定一处,在图上标注一处,并在专用记录表内记录监测点基本情况(如地理坐标、高程、桩号、土地利用现状等),并安置监测标志牌,注明监测点号等。

4.2　监测方法及其适宜性分析

4.2.1　监测方法

监测方法取决于监测内容。如社会经济因子可采用查阅资料和实地调查相结合的方法;水土流失危害指标可采用巡查、询问等调查方法;水土保持措施数量和质量可采取实地丈量,参阅单元工程、分部工程、单位工程验收资料的方法;水土流失量则要采取地面观测的方法进行监测。

4.2.2　各监测单元地面观测设施适宜性分析

地面观测用以监测项目建设区水土流失情况。哪些监测单元具备布设地面观测条件,适用哪种观测设施?可按照图3-1所列的监测单元逐一进行分析。

4.2.2.1　作业带监测单元

作业带监测单元是管道工程的主要施工区域,也是水土保持监测的重点区域。管道作业带占地面积大,施工期较长,地面相对稳定时间长,具备布设地面监测的条件。在水力侵蚀区,可避开耕地、果园等经常性扰动区域,选择荒地地段,直接在作业带上布设径流小区(又称监测小区),小区出口连接接流池,进行水力侵蚀区作业带监测单元水土流失观测;在风力侵蚀区,可在作业带一侧

布设插钎,采用地面定位插钎法进行风力侵蚀区作业带监测单元
水土流失观测。

4.2.2.2 道路监测单元

道路(伴行路和施工道路)是仅次于管道作业带监测单元的
工程。在山区和丘陵区,该工程的扰动范围和扰动强度不亚于作
业带监测单元,应该重点监测。但因路面区域有交通要求,不宜布
设固定观测设施,可采用简易坡面量测法,对路面和路基挖、垫边
坡的水土流失进行观测。

4.2.2.3 站场监测单元

站场监测单元属管道工程中的点工程。从征地面积、施工要
求及施工工艺考虑,站场内布设固定监测设施会因为妨碍施工而
被损毁,不能满足监测要求。好的办法是:在水力侵蚀区采用径
流池观测法,即在站场围墙外场内排水出口处建设径流池,观
测径流池泥沙量,取得站场水土流失量;在风力侵蚀区,可在
场外选择与站场成整数比例关系的场地,布设插钎,进行风力
侵蚀量观测。

4.2.2.4 输电线路监测单元

输电线路监测单元是由单个的点组成的线性工程。水土保持
监测实际上是对单个杆塔基础水土流失及其水土保持治理措施的
监测。一个塔基占地面积少则几十平方米,多则几百平方米,并且
由于杆塔所处位置各异(平地、坡面或山顶),不适合采用小区观
测,可采取简易坡面量测法进行观测。

4.2.2.5 弃渣场监测单元

在山区或者丘陵区,特别是土石山区,由于伴行路的修建或者
管道开挖物不适合回填而产生弃渣。这些弃渣一般为石渣或土石
渣。如果弃渣堆于沟道,可在出口处设置径流池进行流失量观测;
如果弃渣场设置在低洼或者平坦地段,采用简易水土流失场进
行观测。

4.2.2.6 公路、铁路、河流、渠道穿越监测单元

公路、铁路、河流、渠道工程施工期短,扰动范围小,可采用调查法进行观测。具体方法是可对雨后泥沙淤积痕迹进行量测。

各监测单元与监测方法对照图如图4-2所示。

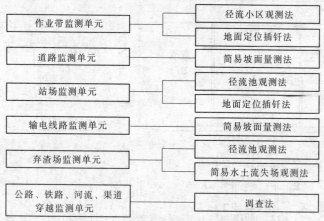

图4-2 各监测单元与监测方法对照图

4.3 地面监测设施布设

4.3.1 径流小区布设

径流小区直接布置在作业带上,按矩形布置,长度方向与作业带垂直,具体长度等于作业带宽度;宽度方向与作业带平行,宽度取值以面积等于或近似等于100 m² 为宜,方便监测值推算。

径流小区周边用40 cm × 40 cm × 6 cm混凝土预制块作围缘(监测期较短时,也可因地制宜采用较大的块石),出口由集流槽导入接流池,接流池用砖衬砌,并加盖。

在径流小区一侧,选择与径流小区坡向、坡度相同的区域建设

对照小区,对照小区规格与径流小区相同。

　　为保障径流小区及人畜安全,径流小区周围应采用铁刺棘围栏拦挡。

　　径流小区布设如图4-3所示。

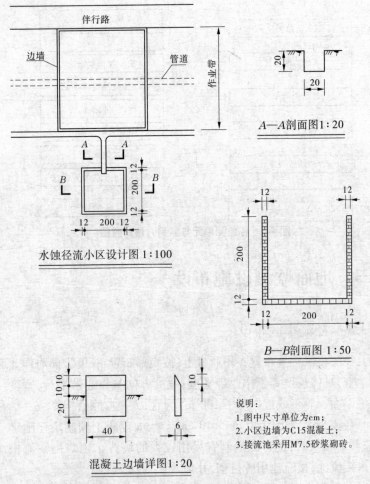

图 4-3　径流小区布设

4.3.2　地面定位插钎场地布设

风力侵蚀监测单元采用地面定位插钎法监测。为避免地面自然沉陷作用和车辆及施工人员活动影响,插钎场地布置在作业带临时堆土一侧。场地面积应大于等于 2 m×2 m,钎距 0.5～1.0 m,按梅花状或网格状布置。

根据多项工程监测经验,插钎应采用 25～30 cm 钢钎。为防止插钎被破坏或丢失,布设时钢钎全部掣入地下,钎帽与地面齐平,每次监测钢钎出露地面高度即可。

在场地一侧,选择坡向、风向相同的原地貌布设对照监测场地。宁夏石化成品油外输管道工程风蚀监测点布设如图 4-4 所示。风蚀监测小区布设如图 4-5 所示。

图4-4　宁夏石化成品油外输管道工程风蚀监测点布设

4.3.3　简易坡面量测场地布设

选择具有代表性的挖填坡面布设监测场地。场地长度方向与坡面长度一致,可自坡顶至坡脚取整个坡面,宽度方向垂直于坡面,宽度大小应视长度而定,使测量场地成为 10 m² 或 100 m²,以

伴行路

作业带

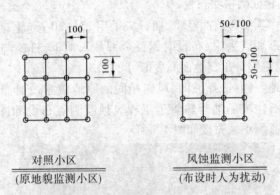

对照小区　　　　　　　　风蚀监测小区

(原地貌监测小区)　　　　(布设时人为扰动)

图 4-5　风蚀监测小区布设　（单位:cm）

便于监测数据换算。场地周边以铁刺棘做边界,起到确定场地和防止破坏的作用。

简易坡面量测场地布设如图 4-6 所示。

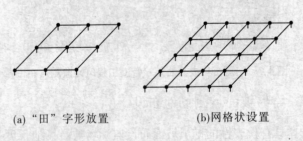

(a)"田"字形放置　　　　　　(b)网格状设置

图 4-6　简易坡面量测场地布设

4.3.4 简易水土流失场场地布设

选择有代表性的坡面,将钢钎按一定距离分上中下、左中右纵横各 3 排,共 9 根布设。钢钎应沿铅垂方向打入坡面,钉帽与坡面齐平,在钉帽上涂上红漆,编号记录。

青海柴达尔至木里地方铁路弃渣场简易水土流失场场地布设见图 4-7。

图 4-7 青海柴达尔至木里地方铁路弃渣场简易
水土流失场场地布设

第5章 监测数据获取及处理

5.1 扰动面积数据获取及处理

任何一个开发建设项目经审批后的水土保持方案,均已确定了工程的地理位置、工程规模、范围、面积及土石方数量等基本情况。管道工程水土保持方案中给定了管道起讫位置,长度,沿途经过的市、县(区),沿线地形地貌条件,管沟尺寸,作业带宽度,作业带占地面积;道路(伴行路、施工道路)分布、长度、建设等级;站场数量、位置及面积;阀室数量、位置及面积;各种穿越工程的数量、位置及面积;输电线路情况;弃土弃渣场数量、位置及面积等。但在实际建设期间,各个工程单元的位置、面积等都会发生一些变化,这就要通过水土保持监测提供唯一的、确定的和不变的数据,为分析工程建设损坏原地表面积、损坏水土保持设施数量,评价水土流失及其危害,以及水土保持防治效果提供依据。

扰动面积数据获取一般采用全面调查的方法进行,有条件的可采用遥感影像转绘结合现场踏勘校核的方法。在不具备遥感监测的情况下,可采取典型推算法,即利用监测点数据推算法。

在此,重点介绍监测点数据推算法。

监测点数据推算法,就是利用在各个监测单元(作业带、道路、站场、阀室、穿越工程、弃渣场、输电线路等)布置的监测点,以监测点观测数据推算各个监测分区的面积,进而对各个监测分区的面积进行累加,得到工程扰动面积。

这里有一个监测分区的问题,前面讲过,监测分区中的一级分区按不同水土流失类型区划分,具体项目有可能全部在一个水土流失类型区,也有可能跨越两个水土流失类型区,这里以跨越水力侵蚀和风力侵蚀两个水土流失类型区的情况为例进行说明。

5.1.1 作业带监测单元

在每个监测分区布设 3 个固定监测点,实际操作时对 3 个监测点量测得到的作业带宽度进行算术平均,得出所在分区的作业带平均宽度,以此平均数乘以所在分区作业带长度,即为该监测分区作业带扰动面积;将各监测分区作业带扰动面积进行累加,得到作业带总扰动面积,作业带监测单元扰动总面积由式(5-1)计算:

$$F_{带} = F_{带(水蚀区)} + F_{带(水蚀、风蚀交错区)} + F_{带(风蚀区)} \qquad (5\text{-}1)$$

式中　$F_{带}$——作业带监测单元扰动总面积;

　　　$F_{带(水蚀区)}$——水蚀监测区作业带扰动面积;

　　　$F_{带(水蚀、风蚀交错区)}$——水蚀、风蚀交错监测区作业带扰动面积;

　　　$F_{带(风蚀区)}$——风蚀监测区作业带扰动面积。

各个监测分区面积由式(5-2)计算:

$$F_{带i} = B_i \times L_{带i} \qquad (5\text{-}2)$$

式中　B_i——各监测分区作业带平均扰动宽度,由皮尺测量获取;

　　　$L_{带i}$——各监测分区作业带长度,从工程监理单位获取。

5.1.2 道路监测单元

道路监测单元的情况比较复杂,在具体实施时,应以固定监测点的监测数据为基础,结合对特殊路段的调查合理确定路面、路基、路堑宽度。这里的道路工程指临时施工道路和伴行路,而这些道路通常情况下不是沿管道全线都有,多数分布在交通不便的山区,在人烟稠密地区少有或没有,所以道路监测单元也许在各个分区内都有分布,也许只在其中的某个区分布,具体操作时根据具体情况而定。

道路监测单元面积数据以固定监测点监测数据结合特殊地段调查数据的方法获取,以监测和调查数据推算道路总占地面积。道路监测单元扰动面积由式(5-3)计算:

$$F_{道路} = F_{道路(水蚀区)} + F_{道路(水蚀、风蚀交错区)} + F_{道路(风蚀区)} \quad (5\text{-}3)$$

式中　$F_{道路}$——道路监测单元扰动总面积;

$F_{道路(水蚀区)}$——水蚀监测区道路工程扰动面积;

$F_{道路(水蚀、风蚀交错区)}$——水蚀、风蚀交错监测区道路工程扰动面积;

$F_{道路(风蚀区)}$——风蚀监测区道路工程扰动面积。

各个监测分区面积由式(5-4)计算:

$$F_{道路i} = B_i \times L_{道路i} \quad (5\text{-}4)$$

式中　B_i——各监测分区道路平均扰动宽度,由测距仪或皮尺测量结合特殊地段调查获取;

$L_{道路i}$——各监测分区道路长度,从工程监理单位获取。

5.1.3　站场监测单元

站场属点工程,数量不多。在具体工作中,经常会对每个站场都进行监测,以获取站场工程确切的资料,这样就可以对各个站场的监测资料进行累加,得出站场监测单元总面积。站场监测单元扰动总面积由式(5-5)计算:

$$F_{站场} = \sum_{1}^{n} f \quad (5\text{-}5)$$

式中　f——各个站场面积,查阅主体工程资料结合现场量测获取;

n——站场数量。

5.1.4　阀室监测单元

对各监测分区的监测数据进行算术平均,算出各监测分区阀室工程平均扰动面积,乘以本监测分区阀室数量,得到各个监测分区阀室工程扰动面积。将各个监测分区阀室工程扰动面积进行累加,得阀室监测单元扰动总面积。阀室监测单元扰动总面积由式(5-6)计算:

$$F_{阀} = F_{阀(水蚀区)} + F_{阀(水蚀、风蚀交错区)} + F_{阀(风蚀区)} \quad (5\text{-}6)$$

式中　$F_{阀}$——阀室监测单元扰动总面积;

$F_{阀(水蚀区)}$——水蚀监测区阀室工程扰动面积;

$F_{阀(水蚀、风蚀交错区)}$——水蚀、风蚀交错监测区阀室工程扰动面积;

$F_{阀(风蚀区)}$——风蚀监测区阀室工程扰动面积。

各个监测分区阀室工程扰动面积由式(5-7)计算:

$$F_{阀i} = (F_{阀1} + F_{阀2} + F_{阀3})/3 \times n \quad (5\text{-}7)$$

式中　$F_{阀i}$——各监测分区阀室工程平均扰动面积;

$F_{阀1}$、$F_{阀2}$、$F_{阀3}$——三个监测点阀室扰动面积,由 GPS 或皮尺量测获取;

n——各监测分区阀室数量。

5.1.5　穿越工程监测单元

穿越工程占地面积数据通过调查方法取得,调查时可采用GPS 或皮尺进行测量,资料处理也是利用监测分区内固定监测点监测数据推算本监测区的面积,再对各监测分区进行累加。穿越工程监测单元扰动总面积由式(5-8)计算:

$$F_{穿} = F_{穿(水蚀区)} + F_{穿(水蚀、风蚀交错区)} + F_{穿(风蚀区)} \quad (5\text{-}8)$$

式中　$F_{穿}$——穿越工程监测单元扰动总面积;

$F_{穿(水蚀区)}$——水蚀监测区穿越工程扰动面积;

$F_{穿(水蚀、风蚀交错区)}$——水蚀、风蚀交错监测区穿越工程扰动面积;

$F_{穿(风蚀区)}$——风蚀监测区穿越工程扰动面积。

各个监测分区穿越工程扰动面积由式(5-9)计算:

$$F_{穿i} = (F_{穿1} + F_{穿2} + F_{穿3})/3 \times n \qquad (5-9)$$

式中　$F_{穿i}$——各监测分区穿越工程平均扰动面积;

$F_{穿1}$、$F_{穿2}$、$F_{穿3}$——三个监测点穿越工程扰动面积,由 GPS 或皮尺量测获取;

n——各监测分区穿越工程数量。

5.1.6　输电线路监测单元

通常情况下,输电线路工程区扰动地表、产生弃土弃渣主要包括塔基区(塔基永久占地及塔基施工场地)、施工道路和牵张场等,是一个具有多种扰动方式,包括多种工程单元的工程项目,其中的各类工程的占地面积都要分开来计算。在此,不单独说明输电线路工程各类工程监测数据获取及处理方式,将其合并在一起作为一项数据"输电线路监测单元"进行介绍。

输电线路监测单元至少应在不同监测分区的塔基区布设固定监测设施,其他如塔基区、施工道路和牵张场等可采取调查监测,将各项监测数据合并后得到各监测分区的综合数值,再对各个综合数值进行累加,得到输电线路监测单元总面积。输电线路监测单元扰动总面积由式(5-10)计算:

$$F_{输} = F_{输(水蚀区)} + F_{输(水蚀、风蚀交错区)} + F_{输(风蚀区)} \qquad (5-10)$$

式中　$F_{输}$——输电线路监测单元扰动总面积;

$F_{输(水蚀区)}$——水蚀监测区输电线路工程扰动面积;

$F_{输(水蚀、风蚀交错区)}$——水蚀、风蚀交错监测区输电线路工程扰动面积;

$F_{输(风蚀区)}$——风蚀监测区输电线路工程扰动面积。

各个监测分区扰动面积由式(5-11)计算:

$$F_{输i} = (F_{输1} + F_{输2} + F_{输3})/3 \times n \qquad (5-11)$$

式中　$F_{输i}$——各监测分区输电线路工程平均扰动面积(为塔基

区、施工道路和牵张场等综合值);

$F_{输1}$、$F_{输2}$、$F_{输3}$——三个监测点综合值,由 GPS 或皮尺量测获取;

n——各监测分区输电线路工程数量。

5.2 挖填土石方数据获取及处理

5.2.1 作业带监测单元挖填土石方量

对各监测分区监测点所在位置管沟断面进行量测,计算单位断面挖填土石方量,进行算术平均后,乘以各监测分区作业带长度,得出各监测分区挖填土石方数量。将各监测分区的挖填土石方数量进行累加,得出作业带监测单元挖填土石方总量。作业带监测单元挖填土石方总量由式(5-12)计算:

$$S_{带} = S_{带(水蚀区)} + S_{带(水蚀、风蚀交错区)} + S_{带(风蚀区)} \qquad (5\text{-}12)$$

式中 $S_{带}$——作业带监测单元挖填土石方总量;

$S_{带(水蚀区)}$——水蚀监测区作业带挖填土石方量;

$S_{带(水蚀、风蚀交错区)}$——水蚀、风蚀交错监测区作业带挖填土石方量;

$S_{带(风蚀区)}$——风蚀监测区作业带挖填土石方量。

各个监测分区挖填土石方量由式(5-13)计算:

$$S_{带i} = m_{带i} \times L_{带i} \qquad (5\text{-}13)$$

式中 $m_{带i}$——各监测分区作业带平均挖填土石方量;

$L_{带i}$——各监测分区作业带长度,从工程监理单位获取。

各监测分区作业带平均挖填土石方量由式(5-14)计算:

$$m_{带i} = \{[(B_1 + b_1) \times h_1/2] + [(B_2 + b_2) \times h_2/2] + [(B_3 + b_3) \times h_3/2]\}/3 \qquad (5\text{-}14)$$

式中 B_i——各监测点管沟口宽,由皮尺测量获取;

b_i——各监测点管沟底宽,由皮尺测量获取;

h_i——各监测点管沟深度,由皮尺测量获取。

5.2.2 道路监测单元挖填土石方量

道路工程挖填土石方量以水土保持方案给出量为基础,结合典型调查获取。即在不同监测区内设置固定调查点,以固定调查点的调查数据修正方案给出量。由式(5-15)计算:

$$S_{路} = S_{路(水蚀区)} + S_{路(水蚀、风蚀交错区)} + S_{路(风蚀区)} \qquad (5\text{-}15)$$

式中 $S_{路}$——道路监测单元挖填土石方总量;

$S_{路(水蚀区)}$——水蚀监测区道路工程挖填土石方量;

$S_{路(水蚀、风蚀交错区)}$——水蚀、风蚀交错监测区道路工程挖填土石方量;

$S_{路(风蚀区)}$——风蚀监测区道路工程挖填土石方量。

各监测分区挖填土石方量由式(5-16)计算:

$$S_{带i} = S_{带i(设计量)} \times \mu_i \qquad (5\text{-}16)$$

式中 $S_{带i}$——各监测分区挖填土石方量;

$S_{带i(设计量)}$——各监测分区水土保持方案设计量;

μ_i——修正值,通过典型调查获取。μ_i 由式(5-17)计算:

$$\mu_i = \sum_1^n S/n \qquad (5\text{-}17)$$

式中 S——各调查点挖填土石方量;

n——调查点数量。

5.2.3 站场监测单元挖填土石方量

以水土保持方案设计量为基础,结合调查进行修正。站场监测单元挖填土石方总量由式(5-18)计算:

$$S_{站场} = \sum_1^n S \qquad (5\text{-}18)$$

式中　$S_{站场}$——站场监测单元挖填土石方总量；

　　　S——各个站场挖填土石方量；

　　　n——站场数量。

各个站场挖填土石方量由式(5-19)计算：

$$S = S_{设计} \times \mu \qquad (5-19)$$

式中　$S_{设计}$——水土保持方案设计量；

　　　μ——修正系数，通过现场调查获取。

5.2.4　阀室监测单元挖填土石方量

对各监测分区的监测数据进行算术平均，算出各监测分区阀室工程平均挖填土石方量，乘以本监测分区阀室数量，得到各个监测分区阀室工程挖填土石方量。将各个监测分区阀室工程挖填土石方量进行累加，得到阀室监测单元挖填土石方总量。阀室监测单元挖填土石方总量由式(5-20)计算：

$$S_{阀} = S_{阀(水蚀区)} + S_{阀(水蚀、风蚀交错区)} + S_{阀(风蚀区)} \qquad (5-20)$$

式中　$S_{阀}$——阀室监测单元挖填土石方总量；

　　　$S_{阀(水蚀区)}$——水蚀监测区阀室工程挖填土石方量；

　　　$S_{阀(水蚀、风蚀交错区)}$——水蚀、风蚀交错监测区阀室工程挖填土石方量；

　　　$S_{阀(风蚀区)}$——风蚀监测区阀室工程挖填土石方量。

各个监测分区阀室工程挖填土石方量由式(5-21)计算：

$$S_{阀i} = (S_{阀1} + S_{阀2} + S_{阀3})/3 \times n \qquad (5-21)$$

式中　$S_{阀i}$——各监测分区阀室工程挖填土石方量；

　　　$S_{阀1}$、$S_{阀2}$、$S_{阀3}$——三个监测点阀室工程挖填土石方量，以阀室基础深度和阀室占地面积计算，阀室基础深度在施工图上量算。若室外有场平活动，在此基础上加上场平土石方量。场平土石方量用 GPS 获取，或用皮尺测量开挖填筑深度、宽度和长度等尺寸。

5.2.5 穿越工程监测单元挖填土石方量

穿越工程监测单元挖填土石方总量由式(5-22)计算：

$$S_穿 = S_{穿(水蚀区)} + S_{穿(水蚀、风蚀交错区)} + S_{穿(风蚀区)} \qquad (5-22)$$

式中 $S_穿$——穿越工程监测单元挖填土石方总量；

$S_{穿(水蚀区)}$——水蚀监测区穿越工程挖填土石方量；

$S_{穿(水蚀、风蚀交错区)}$——水蚀、风蚀交错监测区穿越工程挖填土石方量；

$S_{穿(风蚀区)}$——风蚀监测区穿越工程挖填土石方量。

各个监测分区穿越工程挖填土石方量由式(5-23)计算：

$$S_{穿i} = (S_{穿1} + S_{穿2} + S_{穿3})/3 \times n \qquad (5-23)$$

式中 $S_{穿i}$——各监测分区穿越工程挖填土石方量；

$S_{穿1}、S_{穿1}、S_{穿3}$——三个监测点穿越工程挖填土石方量，用GPS获取或用皮尺测量穿越施工场地开挖填筑深度、长度和宽度，计算挖填土石方量。

5.2.6 输电线路监测单元挖填土石方量

输电线路监测单元土石方挖填主要来自塔基区、施工道路和牵张场。实际监测时通过对塔基区、施工道路和牵张场的典型调查，获取各监测分区的综合数值，再对各个综合数值进行累加，得到输电线路监测单元挖填土石方总量。输电线路监测单元挖填土石方总量由式(5-24)计算：

$$S_输 = S_{输(水蚀区)} + S_{输(水蚀、风蚀交错区)} + S_{输(风蚀区)} \qquad (5-24)$$

式中 $S_输$——输电线路监测单元挖填土石方总量；

$S_{输(水蚀区)}$——水蚀监测区输电线路工程挖填土石方量；

$S_{输(水蚀、风蚀交错区)}$——水蚀、风蚀交错监测区输电线路工程挖填土石方量；

$S_{输(风蚀区)}$——风蚀监测区输电线路工程挖填土石方量。

各个监测分区挖填土石方量由式(5-25)计算：

$$S_{输i} = (S_{输1} + S_{输2} + S_{输3})/3 \times n \qquad (5-25)$$

式中 $S_{输i}$——各监测分区输电线路工程挖填土石方量（为塔基区、施工道路及牵张场等综合值）；

$S_{输1}$、$S_{输2}$、$S_{输3}$——三个监测点综合值，由 GPS 或皮尺量测获取。

5.3 土壤流失量数据获取及处理

5.3.1 径流小区观测法 S_r 的获取

通常情况下，每次观测将接流池中的浑水搅拌均匀后取样，倒入比重瓶内测量体积 V，沉淀一定时间后，吸去上部清水，放入烘箱烘干，称质，得到盒加干泥沙质量 G_r，则径流小区土壤侵蚀量 S_r 由式(5-26)~式(5-28)计算：

$$G = G_r - G_H \qquad (5-26)$$

$$\gamma = G/V \qquad (5-27)$$

$$S_r = W\gamma \qquad (5-28)$$

式中 G——样品干泥沙质量，g；

G_r——盒加干泥沙质量，g；

G_H——盒质量，g；

γ——土壤容重，kg/m^3；

V——水样体积，mL；

S_r——径流小区土壤侵蚀量，kg；

W——接流池中径流量，m^3。

在监测人员不能及时到场，延误监测时间而使接流池中的水量蒸发损失的情况下,可采用测量接流池内的泥沙厚度 h_s 的方法来获取资料。根据接流池池底面积 S 和泥沙厚度算出径流小区侵蚀土壤体积,查取当地土壤容重,由土壤容重和体积计算小区土壤侵蚀量。计算方法如式(5-29):

$$S_r = S h_s \gamma \qquad (5-29)$$

式中　S_r——径流小区土壤侵蚀量,kg;

　　　S——接流池池底面积,m^2;

　　　h_s——接流池内泥沙厚度,m;

　　　γ——土壤容重,kg/m^3。

5.3.2　地面定位插钎法 S_r 的获取

每次监测时用卷尺测量钎帽与地面的距离,取得监测场地平均土壤侵蚀厚度 h_s,则每个监测场地土壤侵蚀量 S_r 由式(5-30)计算:

$$S_r = \gamma S h_s / 1\,000\cos\theta \qquad (5-30)$$

式中　S_r——监测场地土壤侵蚀量,kg;

　　　γ——土壤容重,kg/m^3;

　　　S——监测场地水平投影面积,m^2;

　　　h_s——平均土壤侵蚀厚度,m;

　　　θ——监测场地坡度(°)。

5.3.3　简易坡面量测法 S_r 的获取

量测监测场地内每条侵蚀沟宽度 ω 和深度 h,则每个监测样地土壤侵蚀量 S_r 由式(5-31)、式(5-32)计算:

$$S_r = \sum_1^n S_n \qquad (5-31)$$

$$S_n = \gamma L \sum_1^{n-1} (\omega_1 h_1 + \omega_2 h_2)/2 \qquad (5\text{-}32)$$

式中　S_r——监测场地土壤侵蚀量,kg;

　　　n——侵蚀沟数量,条;

　　　S_n——单个侵蚀沟侵蚀量,kg;

　　　γ——土壤容重,kg/m³;

　　　L——侵蚀沟之间的距离,m;

　　　ω——单个侵蚀沟宽度,m;

　　　h——单个侵蚀沟深度,m。

5.3.4　实地调查法 S_r 的获取

调查时测量径流痕迹宽度 ω、深度 h 及长度 L,计算监测点土壤侵蚀量。计算方法如式(5-33):

$$S_r = \omega h L \gamma \qquad (5\text{-}33)$$

式中　S_r——监测点土壤侵蚀量,kg;

　　　ω——径流痕迹宽度,m;

　　　h——径流痕迹深度,m;

　　　L——径流痕迹长度,m;

　　　γ——土壤容重,kg/m³。

5.4　水土流失危害数据获取

水土流失危害监测包括危害面积、危害数量和危害程度。水土流失破坏土地资源、破坏水土保持设施,造成泥沙淤积及水污染等。

5.4.1　水土流失危害范围界定

开发建设项目水土流失危害是指由于工程建设扰动造成水土

流失直接导致环境变化和社会经济受到的损失的总称。直接受损的范围称为水土流失危害范围。

5.4.1.1 地表径流及挟沙运沙危害范围的界定

地表径流挟沙运沙危害范围与暴雨范围、洪峰流量和项目建设区内水系组成有关。如暴雨范围在项目建设区的第一层水系范围内,且洪峰流量小,那么径流泥沙危害将可能影响到该层水系范围;反之,如果洪峰流量大,就可能影响到第二层即高一级河流所在流域范围。在具体监测时,应依据暴雨范围和洪峰流量大小初步判断危害范围,以此为基础,向内缩小或向外扩展,找出影响范围边界。

5.4.1.2 地下径流变化危害范围的界定

在地下水位较高的地区,管沟开挖扰动可能会破坏地下贮水层,使地下水位降低,流量减少,造成地下水应用区的用水危害。地下水位降低表现在透水层渗透性和水位差有关的缓变降落曲线,并向最低水位集中,形成地下水位降低漏斗。在界定地下径流变化范围时,查阅当地原来地下水位,勘察后来形成的水位,由当地水文手册查得透水层渗透特性,算出地下水位降落半径,即可界定危害范围。

5.4.1.3 风沙危害范围的界定

风沙活动受风速、风向、下垫面条件(地表起伏、植被覆盖、地面物质组成)影响,其沙粒运动以推移和跳跃运动为主。由于对沙粒运动距离缺乏必要研究,常采用活动沙丘年移动距离来估算。据李智广《开发建设项目水土保持监测》,工程建设区域的沙粒,可以在 1 年内向外最大移动 15 m,以此距离确定危害区边界,所包含面积即为风沙危害面积。

5.4.1.4 污染直接危害范围的界定

污染直接危害范围是指由工程建设或生产排放出的有害气体、液体、固体物质,通过大气扩散、水体挟带转运和有毒元素转移,造成大气、水体、土壤等环境污染的区域。

　　环境污染通常以污染源为中心向四周、下游逐渐蔓延扩散,随着时空延长,有毒物浓度逐渐变小,直至无毒性危害,因而污染危害范围以有害浓度作为衡量指标。

　　目前,水土保持监测多以水体监测为主,监测不同河段水体主要污染物浓度,以及该河段可能补给的地下水区,即为水污染危害区。

5.4.2　危害面积数据获取

　　管道工程水土流失危害面积包括扰动面积、破坏水土保持设施面积、径流泥沙危害面积、地下水降低面积等。危害面积监测常在危害范围界定后,采用绘图测量的方法取得,即将危害范围线勾绘在大比例尺地图上,量算并平差,算出受害范围内各种受害对象的面积。

5.4.3　危害数量和危害程度数据获取

　　水土流失危害数量是指危害范围内受害对象的数量;危害程度是指对象受害和受损多少,常用受害范围内各类受害对象的产出与无害区域对应对象的产出对比来反映。

　　危害数量数据通过受害区域普查或抽样调查取得。危害范围较小时采用普查,危害范围较大时采用抽样调查。

　　水土流失危害程度数据获取,在采取受害区域受害程度资料的同时,采取未受害区域对应对象产出或收益数据,通过对比分析相关指标,评价和估算受害大小。

5.5　水土保持措施数量数据获取

　　水土保持措施数量数据获取采用全面普查的方法进行。根据水土保持方案给出的措施种类、数量和分布,前往工程地点进行监测。工程措施采用测距仪(或皮尺)、钢卷尺测量工程规模、几何尺寸,记录长度、宽度、厚度等要素;植物措施面积监测时,对点式工程采用 GPS 或皮尺测量,对线性工程采用测距仪或皮尺测量宽度,踏勘记录植物措施实施区域的桩号,记录长度、物种等,生长势及盖度采用目测法获取。

在实际监测工作中,由于种种原因,常常会发生线路优化或站场调整,致使水土保持措施位置发生变化,措施数量或增或减,实际建设的水土保持设施与水土保持方案设计有所差距。因此,监测工作应与业主、监理和施工单位紧密联系,掌握各种变化,适时进行监测,并应及时向业主、监理和施工单位反馈相关信息,保证水土保持措施及时实施并发挥应有的作用。

反馈信息主要包括措施实施是否及时、措施实施地址及措施类型是否得当、措施规模是否满足防治水土流失要求等。实施的措施是否达到设计或技术标准的要求由监理单位负责检查。监测的主要任务是措施规模是否达到设计量以及几何尺寸等外观质量。

5.6　气象因子数据获取

气象因子包括次降雨、月降雨、年降雨、温度、湿度、风速、风力、风向、蒸发量等,主要用做项目特发事件分析的资料依据。由于气象观测属专门学科,将以独立的章节进行阐述。

第6章 监测记录表格制作

监测记录表格制作应满足不同监测分区、不同监测单元、不同监测项目资料获取的要求。管道工程战线长,涉及的行政区多,按照《中华人民共和国水土保持法》的要求,各种监测数据应以县(区)级为单元进行统计。因此,监测表格的制作,除满足监测项目要求外,还应注明所在县(区),以说明各县(区)的数量。

6.1 扰动面积、挖填土石方及工程进度监测记录表格

6.1.1 作业带监测单元

记录作业带宽度、管沟断面尺寸(深度、顶宽、口宽)、工程进度、监测次第、监测时间等。同时,还应反映监测点的基本情况,如经度、纬度、高程、桩号、土地利用类型等。采用测距仪测量施工作业带宽度如图 6-1 所示。监测记录表式见表 6-1。

6.1.2 站场、阀室监测单元

记录监测点基本情况,扰动面积、基础开挖宽度、深度、长度以及室外场地平整情况。监测记录表式见表 6-2。

6.1.3 道路监测单元

记录监测点基本情况,道路宽度、挖填土石方等;在特殊路段,即高挖深填路段,还应做放弃样地记录。监测记录表式见表 6-3 和

表6-4。

图 6-1　采用测距仪测量施工作业带宽度

6.1.4　穿越工程监测单元

记录监测点基本情况,穿越方式、施工场地扰动面积、基坑尺寸等。监测记录表式见表6-5。宁夏石化成品油外输管道工程顶管穿越公路施工现场监测如图6-2所示。

图 6-2　宁夏石化成品油外输管道工程
顶管穿越公路施工现场监测

6.1.5 输电线路监测单元

记录监测点基本情况,杆塔形式、塔基区扰动面积、挖填土石方等。如果有牵张场,还应进行牵张场典型调查,做放弃样地记录。监测记录表式见表6-6、表6-7。

6.2 土壤流失量监测记录表格

6.2.1 径流小区监测记录

在记录小区长度、宽度及土地利用类型等基本情况的同时,记录监测次第、监测时间、泥水深、泥水量和水样体积。在采用水样监测方法误差较大时(不能及时监测,蒸发等水损失较大情况下),可采取测量接流池内泥沙厚度的方法进行监测。监测记录表式见表6-8、表6-9。

6.2.2 插钎法监测记录

记录监测点基本情况,监测次第、监测时间及每根钢钎距地面的距离等。监测记录表式见表6-10。

6.2.3 调查法监测记录

记录径流痕迹,包括长度、宽度、淤积厚度和流失量,以及调查点基本情况。监测记录表式见表6-11。

6.2.4 简易坡面量测法监测记录

记录监测点基本情况,施测断面面积,以及各个断面内每条侵蚀沟面积、深度、长度。监测记录表式见表6-12。

6.3 水土保持措施数量监测记录表格

　　记录监测点基本情况,措施类型、规模、几何尺寸、进度等。特别要说明的是,为分别统计各类水土保持措施在各县(区)的数量,监测记录应按各县(区)记录。

6.3.1 拦挡工程监测记录

　　记录所在县(区)、所在监测单元、拦挡工程类型、浇筑类型,工程规模、几何尺寸、外观观感及进度。监测记录表式见表6-13。

6.3.2 工程护坡监测记录

　　记录所在县(区)、所在监测单元,工程形式、几何尺寸、外观观感及进度。监测记录表式见表6-14。

6.3.3 综合护坡及植物护坡监测记录

　　综合护坡类型有浆砌石框格(或拱形)护坡和混凝土框格护坡,植物护坡类型有种草护坡及植草护坡。监测记录表式见表6-15。

6.3.4 排水工程监测记录

　　记录所在县(区)、所在监测单元,工程类型、工程规模、几何尺寸、外观观感及进度。监测记录表式见表6-16。

6.3.5 土地整治工程监测记录

　　记录土地整治方式、面积,地表平整度、农作物品种及生长势等。监测记录表式见表6-17。

6.3.6　植被恢复工程监测记录

记录所在县（区）、所在监测单元,植被恢复面积、覆盖度、进度等。监测记录表式见表6-18。

6.3.7　道路及站场绿化工程监测记录

记录所在县（区）、所在监测单元,栽植时间、数量、树种、树高、胸径、树冠郁闭度等。监测记录表式见表6-19。

6.3.8　砾石压盖工程监测记录

记录所在县（区）、所在监测单元,压盖长度、宽度、面积、厚度及砾石量等。监测记录表式见表6-20。

6.3.9　防风固沙工程监测记录

记录所在县（区）、所在监测单元,防风固沙工程形式、实施长度、宽度、面积等。监测记录表式见表6-21。

表 6-1　作业带监测单元扰动面积、挖填土石方及工程进度监测记录表

地理位置	经度		高程		所在县（区）		
	纬度		桩号		土地利用类型		
监测次第	监测时间	扰动面积	挖填土石方			工程进度	
		宽度（m）	口宽（m）	底宽（m）	深度（m）	长度（km）	完成（%）
照片							

表6-2 站场、阀室监测单元扰动面积、挖填土石方及工程进度监测记录表

地理位置	经度		高程			所在县(区)		
	纬度		桩号			土地利用类型		
场地平整情况	长度(m)		宽度(m)			深度(m)		

监测次第	监测时间	扰动面积		挖填土石方		工程进度		
		宽度(m)	长度(m)	宽度(m)	长度(m)	深度(m)	进度描述	完成(%)
照片								

表6-3　道路监测单元扰动面积、挖填土石方及进度监测记录表

地理位置	经度		高程		所在县（区）	
	纬度		桩号		土地利用类型	
监测时间	扰动面积及挖填土石方				工程进度	
	路面宽度（m）	路基宽度（m）	路基（堑）高度（m）	挖（填）方（m³）	进度描述	完成（%）
照片						

表6-4 道路监测单元放弃样地监测记录表

地理位置	经度		高程		所在县(区)		
	纬度		桩号		土地利用类型		
监测时间	路面宽度(m)	挖方边坡			填方边坡		
		高度(m)	底宽(m)	坡度(°)	高度(m)	底宽(m)	坡度(°)
照片							

表 6-5　穿越工程监测单元扰动面积、挖填土石方及工程进度监测记录表

第　监测点

地理位置	经度		高程		所在县（区）		
	纬度		桩号		土地利用类型		
监测次第	监测时间	扰动面积		挖填土石方			工程进度	
		宽度（m）	长度（m）	宽度（m）	长度（m）	深度（m）	开工时间	完工时间
照片								

表 6-6 输电线路监测单元扰动面积、挖填土石方监测记录表

地理位置	经度		高程		所在县（区）			
	纬度		杆塔号		杆塔形式		土地利用类型	
监测次第	监测时间	塔基区扰动面积		挖填土石方			工程进度	
		宽度（m）	长度（m）	宽度（m）	长度（m）	深度（m）	开工时间	完工时间
照片								

表 6-7　输电线路监测单元放弃样地监测记录表

地理位置	经度		高程		所在县(区)		
	纬度		牵张场		土地利用类型		
监测次第	监测时间	扰动面积		挖填土石方			
		宽度(m)	长宽(m)	宽度(m)	长度(m)	深度(m)	体积(m³)
照片							

表 6-8 径流小区监测记录表

第   监测点

地理位置	经度		高程			所在县(区)	
	纬度		桩号			土地利用类型	
监测小区基本情况	长度(m)			宽度(m)		布设时间	
监测次第	监测时间	含沙量法监测记录			泥沙厚度法监测记录		
		泥水深(cm)	泥水量(m³)	水样体积(dm³)	接流池底面积(m²)	泥沙厚度(cm)	侵蚀量(m³)
照片							

表6-9 径流小区水样处理记录表

监测单元名称								
地理位置	经度		高程			所在县（区）		
	纬度		桩号			土地利用类型		
监测小区基本情况		长度(m)		宽度(m)		布设时间		
监测次第	监测时间	水样体积 V（dm^3）	瓶+浑水质量 W_1(g)	瓶+清水质量 W_2(g)	湿泥沙质量 W_1-W_2(g)	盒质量 G_H(g)	盒+干泥沙质量 G_r(g)	单位含沙量（kg/m^3）

表 6-10　插钎法监测记录表

监测单元名称												
地理位置	经度			高程				所在县（区）				
	纬度			桩号				土地利用类型				
监测点基本情况	长度(m)			宽度(m)					布设时间			

监测次第	监测时间	钢钎距地面的距离(cm)										单位面积流失量(m³)
		1#	2#	3#	4#	5#	6#	7#	8#	9#	平均	
照片												

表 6-11 调查法监测记录表

监测单元名称						
地理位置	经度		高程		所在县（区）	
	纬度		桩号		土地利用类型	
监测次第	监测时间	径流痕迹				
		长度（m）	宽度（m）	淤积厚度（m）	流失量（m³）	
照片						

表 6-12　简易坡面量测法监测记录表

第　监测点

监测单元名称		监测次第		监测时间		
地理位置	经度		高程		所在县（区）	
	纬度		桩号		土地利用类型	
施测断面		侵蚀沟1	侵蚀沟2	侵蚀沟3	…	侵蚀沟 n
断面1	f_1					
	h_1					
	L_1					
断面2	f_2					
	h_2					
	L_2					
断面3	f_3					
	h_3					
	L_3					
断面4	f_4					
	h_4					
	L_4					
⋮						
断面 n	f_n					
	h_n					
	L_n					
侵蚀沟特征说明						

表 6-13 拦挡工程监测记录表

地理	经度		高程		所在县（区）		
位置	纬度		桩号		监测单元名称		
工程形式				浇筑类型			
设计量	长度（m）		方量(m³)		实施时间		
监测次第	监测时间	长度（m）	高度（m）	顶宽（m）	底宽（m）	外观观感	进度（%）	运行状况

照片

表 6-14   工程护坡监测记录表

地理位置	经度		高程		所在县（区）			
	纬度		桩号		监测单元名称			
工程形式				浇筑类型				
设计量	长度（m）			方量(m³)		实施时间		
监测次第	监测时间	长度（m）	高度（m）	顶宽（m）	底宽（m）	外观观感	进度（%）	运行状况
照片								

表 6-15　综合护坡及植物护坡监测记录表

地理 位置	经度		高程		所在县(区)		
	纬度		桩号		监测单元名称		
设计量		长度(m)		面积(hm²)		实施时间	
综合 护坡	护坡 类型	浇筑 类型	框架 长度 (cm)	框架 宽度 (cm)	框架厚度 (cm)	外观 观感	实施 面积 (hm²)
植物护坡	种植方式		品种		盖度(%)		面积(hm²)
照片							

表6-16　排水工程监测记录表

地理 位置	经度		高程		所在县（区）			
	纬度		桩号		监测单元名称			
工程形式				浇筑类型				
设计量		长度(m)		方量(m³)		实施时间		
监测 次第	监测 时间	长度 (m)	口宽 (m)	底宽 (m)	深度 (m)	外观 观感	进度 (%)	运行 状况
照片								

表6-17 土地整治工程监测记录表

地理位置	经度		高程		所在县（区）	
	纬度		桩号		监测单元名称	
设计量	长度(m)		面积(hm²)		实施时间	

监测次第	监测时间	回填整治			农地恢复			
		面积（hm²）	回填量（m³）	进度（%）	面积（hm²）	农作物	生长势	进度（%）

照片

表 6-18　植被恢复工程监测记录表

地理位置	经度		高程		所在县(区)		
	纬度		桩号		监测单元名称		
设计量		长度(m)		面积(hm²)		实施时间	
监测次第	监测时间	长度(m)	宽度(m)	面积(hm²)	树种	覆盖度(%)	进度(%)
照片							

表 6-19 道路及站场绿化工程监测记录表

地理位置	经度		高程			所在县(区)		
	纬度		桩号			监测单元名称		
设计量		长度(m)		面积(hm²)		实施时间		
监测次第	监测时间	植树					种草	
		树种	数量(株)	树高(m)	胸径(mm)	郁闭度(%)	面积(hm²)	盖度(%)
照片								

表 6-20　砾石压盖工程监测记录表

地理位置	经度		高程		所在县(区)	
	纬度		桩号		监测单元名称	
设计量		长度(m)		面积(hm²)		实施时间
监测次第	监测时间	长度(m)	宽度(m)	面积(hm²)	厚度(cm)	砾石量(m³)	进度(%)
照片							

表 6-21   防风固沙工程监测记录表

地理位置	经度		高程		所在县（区）		
	纬度		桩号		监测单元名称		
工程形式		长度（m）		面积（hm²）		实施时间	
监测次第	监测时间	长度（m）	宽度（m）	面积（hm²）	用材	进度（%）	运行情况
照片							

第7章 气象观测

气象观测是对地球表面一定范围内的气象状况及其变化过程进行系统、连续的观察和测定，为天气预报、气象情报、气候分析、科学研究、气象服务和防汛抗旱提供重要的科学依据。

7.1 气象观测的分类、方式和任务

7.1.1 气象观测的分类

7.1.1.1 地面气象观测站

地面气象观测站按承担的观测业务属性和作用主要分为国家基准气候站、国家基本气象站、国家一般气象站三类，此外还有无人值守气象站。

国家基准气候站简称基准站，是根据国家气候区划，以及全球气候观测系统的要求，为获取具有充分代表性的长期、连续气候资料而设置的气候观测站，是国家天气气候站网的骨干。

国家基本气象站简称基本站，是根据全国气候分析和天气预报的需要所设置的气象观测站，大多担负区域或国家气象情报交换任务，是国家天气气候站网中的主体。

国家一般气象站简称一般站，是按省（区、市）行政区划设置的地面气象观测站，获取的观测资料主要用于本省（区、市）和当地的气象服务，也是国家天气气候站网观测资料的补充。

无人值守气象站简称无人站，是在不便建立人工观测站的地方，利用自动气象站建立的无人气象观测站，用于天气气候站网的

空间加密,观测项目和发报时次可根据需要设定。

另外,还可布设机动地面气象观测站,按气象业务和服务的临时需要组织所需的地面气象观测。

7.1.1.2　气象辐射观测站

承担气象辐射观测任务的站,按观测项目的多少分为一级站、二级站和三级站。

气象辐射观测一级站是进行总辐射、散射辐射、太阳直接辐射、反射辐射和净全辐射观测的辐射观测站。

气象辐射观测二级站是进行总辐射、净全辐射观测的辐射观测站。

气象辐射观测三级站是只进行总辐射观测的辐射观测站。

7.1.2　观测方式

地面气象观测分为人工观测和自动观测两种方式,其中人工观测又包括人工目测和人工器测。

7.1.3　观测任务

地面气象观测工作的基本任务是观测、记录处理和编发气象报告,具体任务如下:

(1)按规定的时次为积累气候资料进行定时气象观测。自动观测项目每天进行 24 次定时观测;人工观测项目,昼夜守班站每天进行 2、8、14、20 时 4 次定时观测。基准站使用自动气象站后仍然保留 24 次人工定时观测。

(2)按规定的时次为制作天气预报提供气象实况资料进行天气观测,并按规定的种类和电码及数据格式编发各种地面气象报告。

(3)进行国务院气象主管机构根据业务发展需要新增加项目的观测。

(4)按省、地、县级气象主管机构的规定,进行自定项目和开展气象服务所需项目的观测。

(5)经省级气象主管机构指定的气象站,按规定的时次、种类和电码,观测、编发定时加密天气观测报告、不定时加密雨量观测报告和其他气象报告。

(6)按统一的格式和规定统计整理观测记录,进行记录质量检查,按时形成并传送观测数据文件和各种报表数据文件,并可按要求打印出各类报表。

(7)按有关协议观测、编发定时航空天气观测报告和不定时危险天气观测报告。

(8)对出现的灾害性天气及时进行调查记载。

7.1.4　观测项目

地面气象观测项目很多,包括空气温度、气压、空气湿度、风向风速、云、能见度、天气现象、降水、蒸发、日照、雪深、地温、冻土、电线结冻等。

7.1.5　观测场及仪器安装原则

一般来说,气象台站的地址应选在能代表其周围大部分地区天气、气候特点的地方,并且尽量避免小范围和局部环境的影响。同时,应当选在当地最多风向的上风方,不要选在山谷、洼地、陡坡、绝壁上。观测场要求四周平坦、空旷并能代表周围的地形,观测场附近不应有任何物体。孤立、不高的个别障碍物离观测场的距离,至少要在障碍物高度的 3 倍以上;宽大、密集、成片的障碍物,距离要在障碍物高度的 10 倍以上。观测场周围 10 m 范围内不能种植高秆作物,以保证气流畅通。气象台站的房屋一般应建在观测场的北面。

仪器安装的原则可以用以下 24 个字表示:保持距离,互不影响;北高南低,东西成行;靠近小路,便于观测。具体要求如下:

（1）高的仪器设施安置在北边,低的仪器设施安置在南边;

（2）各仪器设施东西排列成行,南北布设成列,相互间东西间隔不小于 4 m,南北间隔不小于 3 m,仪器距观测场边缘护栏不小于 3 m;

（3）观测场围栏的门一般开在北边,仪器设备紧靠东西向小路南侧安置,观测员应从北面接近观测仪器;

（4）辐射观测仪器一般安装在观测场南边,观测仪器感应面不能受任何障碍物影响。

7.2 气象观测项目的观测方法

7.2.1 空气温度和空气湿度

空气温度简称气温,是表示空气冷热程度的物理量。空气湿度简称湿度,是表示空气中的水汽含量和潮湿程度的物理量。地面观测中测定的是离地面 1.50 m 高度处的气温和湿度。

观测气温需要获取的物理量及其单位有:定时气温,日最高、日最低气温。以摄氏度(℃)为单位,取一位小数。

观测湿度需要获取的物理量及其单位有:

水汽压(e)——空气中水汽部分作用在单位面积上的压力。以百帕(hPa)为单位,取一位小数。

相对湿度(U)——空气中实际水汽压与当时气温下的饱和水汽压之比。以百分数(%)表示,取整数。

露点温度(T_d)——空气在水汽含量和气压不变的条件下,降低气温达到饱和时的温度。以摄氏度(℃)为单位,取一位小数。

测量气温和湿度的仪器主要有干球温度表、湿球温度表、最高温度表、最低温度表、毛发湿度表、通风干湿表、温度计和湿度计、铂电阻温度传感器和湿敏电容湿度传感器。这些观测仪器都安装在百叶箱内。

7.2.1.1 百叶箱

百叶箱是安装温、湿度观测仪器用的防护设备。它的内外部分应为白色。百叶箱的作用是防止太阳对仪器的直接辐射和地面对仪器的反射辐射,保护仪器免受强风、雨、雪等的影响,并使仪器感应部分有适当的通风,能真实地感应外界空气温度和湿度的变化。

百叶箱通常由木材和玻璃钢两种材料制成,箱壁两排叶片与水平面的夹角约为45°,呈"人"字形,箱底为中间一块稍高的三块平板,箱顶为两层平板,上层稍向后倾斜。

百叶箱应水平地固定在一个特制的支架上。支架应牢固地固定在地面或埋入地下,顶端约高出地面125 cm;埋入地下的部分,要涂防腐油。支架可用木材、角铁或玻璃钢制成,也可用带底盘的钢制柱体制成。多强风的地方,须在四个箱角拉上铁丝纤绳。箱门应朝正北。

为便于观测,箱内靠近箱门处的顶板上可安装照明用的电灯(不得超过25 W),读数时打开,观测后随即关上,以免影响温度。也可以用手电筒照明。

7.2.1.2 最高、最低气温观测

最高、最低气温是用最高温度表和最低温度表测定的,两温度表安装在百叶箱温度表支架下横梁的一对弧形钩上,感应部分向东。

1. 最高温度表

最高温度表的构造与一般温度表不同,它的感应部分内有一玻璃针,伸入毛细管,使感应部分和毛细管之间形成一窄道。当温度升高时,感应部分的水银体积膨胀,挤入毛细管;而温度下降时,毛细管内的水银,由于通道窄不能缩回感应部分,因而能指示出上次调整后这段时间内的最高温度。

最高温度表每天 20 时观测一次,读数记入观测簿相应栏中,观测最高温度表时,应注意温度表的水银柱有无上滑脱离窄道的现象。若有上滑现象,应稍稍抬起温度表的顶端,使水银柱回到正常的位置,然后再读数。

在观测中发现最高温度表断柱时,应稍稍抬起温度表的顶端,使其连接在一起。若不能恢复,则减去断柱的数值作为读数,并及时进行修复或更换。有关情况要在观测簿的备注栏中注明。

全天最高气温在 -36.0 ℃ 以下时,停止最高温度表的观测,记录从缺,并在观测簿的备注栏中注明。每次观测后必须调整最高温度表。其调整方法如下:

用手握住表身,感应部分向下,臂向外伸出约 30°,用大臂将表前后甩动,甩动方向与刻度磁板面平行,这样毛细管内水银就可以下落到感应部分,使示度接近于当时的干球温度。

调整时,动作应迅速,尽量避免阳光照射,也不能用手接触感应部分。不要甩动到使感应部分向上的程度,以免水银柱滑上又甩下,撞坏窄道。调整后,把表放回到原来的位置上时,先放感应部分,后放表身。

2. 最低温度表

最低温度表的感应液是酒精,它的毛细管内有一哑铃形游标,当温度下降时,酒精柱便相应下降,由于酒精柱顶端表面张力作用,带动游标下降;当温度上升时,酒精膨胀,酒精柱经过游标周围慢慢上升,而游标仍停在原来位置上。因此,它能指示上次调整以来这段时间内的最低温度。

最低温度表每天在 20 时观测一次,读数记入观测簿相应栏中,观测后调整温度表。拍发天气报告或加密天气报告的气象站,按电码规定进行补充观测,观测后也必须进行调整。

观测最低温度示度时,眼睛应平直地对准游标离感应部分的远端位置;观测酒精柱示度时,眼睛应平直地对准酒精顶端凹面中点(即最低点)的位置。

当观测读数发现最低温度表(包括地面最低温度表)酒精柱中断时,最低温度按缺测处理,并在观测簿的备注栏中注明;该表须及时修复或更换。

7.2.1.3 气温和湿度测定

气温和湿度是用干、湿球温度表测定的。干、湿球温度表是由两支型号完全一样的温度表组成的,气温由干球温度表测定,湿度根据热力学原理由干球温度表与湿球温度表的温度差值计算得出,计算公式如下:

$$U = (E/E_W) \times 100\%$$

式中　U——相对湿度(%);

　　　E——水汽压,hPa;

　　　E_W——干球温度 t 所对应的纯水平液面(或冰面)饱和水汽压,hPa。

其中,E 用下式计算:

$$E = E_{t_W} - AP_h(t - t_W)$$

式中　E——水汽压,hPa;

　　　E_{t_W}——湿球温度 t_W 所对应的纯水平液面的饱和水汽压,湿球结冰且湿球温度低于 0 ℃时,为纯水平冰面的饱和水汽压;

　　　A——干湿表系数,℃$^{-1}$,由干湿表类型、通风速度及湿球结冰与否而定,其值见干湿表系数表;

　　　P_h——本站气压,hPa;

　　　t——干球温度,℃;

　　　t_W——湿球温度,℃。

温度表是根据水银(酒精)热胀冷缩的特性制成的,分感应球部、毛细管、刻度磁板、外套管等(见图7-1)。

干、湿球温度表垂直悬挂在百叶箱支架两侧的环内,球部向下,球部中心距地面 1.5 m 高。湿球温度表球部包扎一条纱布,纱布的下部浸到一个带盖的水杯内(见图 7-2)。杯口距湿球球部约 3 cm,杯中盛蒸馏水(只允许用医用蒸馏水),供湿润湿球纱布用。

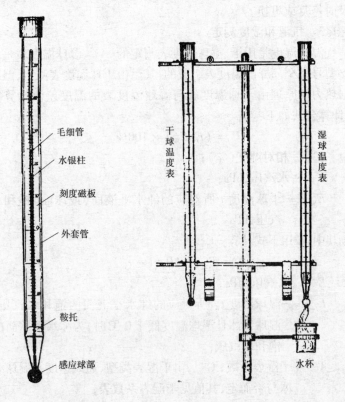

毛细管

水银柱

刻度磁板

外套管

鞍托

感应球部

干球温度表

湿球温度表

水杯

图 7-1 干球温度表　　　　图 7-2 干、湿球温度表安装示意

7.2.1.4 观测和记录

各种温度表读数要准确到 0.1 ℃。温度在 0 ℃以下时,应加负号("－")。读数记入观测簿相应栏内,并按所附检定证进行器差订正。如示度超过检定证范围,则以该检定证所列的最高(或最低)温度值的订正值进行订正。

温度表读数时应注意以下内容：

（1）观测时必须保持视线和水银柱顶端齐平，以避免视差。

（2）读数动作要迅速，力求敏捷，不要对着温度表呼吸，尽量缩短停留时间，并且勿使头、手和灯接近球部，以避免影响温度示度。

（3）注意复读，以避免发生误读或颠倒零上、零下的差错。

气温在 −10.0 ℃ 或以下湿球纱布结冰时，观测前须进行湿球融冰。融冰用的水温不可过高，相当于室内温度，能将湿球冰层融化即可。将湿球球部浸入水杯中，把纱布充分浸透，使冰层完全融化。从湿球温度示值的变化情况可判断冰层是否完全融化，如果示度很快上升到 0 ℃，稍停一会儿再向上升，就表示冰已融化。然后把水杯移开，用杯沿将聚集在纱布头上的水滴除去。

掌握好融冰时间是很重要的，可参照下述情况灵活掌握：

当风速、湿度中等时，在观测前 30 min 左右进行；湿度很小、风速很大时，在观测前 20 min 以内进行；湿度很大、风速很小时，要在观测前 50 min 左右进行。

若每小时观测一次温、湿度，在冬季里湿度大、风速小的情况下，由于冰面蒸发很小，融冰一次，可进行几次观测，不必 1 h 融冰一次，否则容易造成湿球示值不稳定。具体多长时间融冰一次，由各观测站根据天气情况具体掌握，但站内应当统一。

读取干、湿球温度表的示值时，须先看湿球示度是否稳定，达到稳定不变时，才能进行读数和记录。在记录后，用铅笔侧棱试试纱布软硬，了解湿球纱布是否冻结。如已冻结，应在湿球读数右上角记录结冰符号"B"；如未冻结则不记。若湿球示度不稳定，不论是从零下上升到 0 ℃，还是从 0 ℃ 继续下降，说明是融冰不恰当，湿球不能读数，只记录干球温度。若在定时观测正点前湿球温度能够稳定，则需补测干、湿球温度值，并用此值作为气温和湿度的正式记录；若在定时观测正点前湿球温度仍不能稳定，则相对湿度改用毛发湿度表或湿度计测定(需按规定作相应订正),水汽压、露点温度用干球温度和相对湿度计算得到;如无毛发湿度表(湿度计)或按规定冬季不需要编制订正图的气象站,应在正点后补测干、湿球温度,记在观测簿该时栏上面空白处,只作计算湿度用,这次湿球温度不抄入气表(该栏记"—"),而温度的正式记录仍以第一次干球温度为准。

气温在 -10.0 ℃以下时,停止观测湿球温度,改用毛发湿度表或湿度计测定湿度。但在冬季偶有几次气温低于 -10.0 ℃的地区,仍可用干、湿球温度表进行观测。

气温在 -36.0 ℃以下,接近水银凝固点(-38.9 ℃)时,改用酒精温度表观测气温。酒精温度表应按干球温度表的安装要求事先悬挂在干球温度表旁边。如果没有备用的酒精温度表,则可用最低温度表酒精柱的示度来测定空气温度。

7.2.2 气压

气压是作用在单位面积上的大气压力,即等于单位面积上向上延伸到大气上界的垂直空气柱的质量。气压以百帕(hPa)为单位,取一位小数。

测定气压常用的仪器有动槽式水银气压表、定槽式水银气压表和气压计等。它们是利用作用在水银面上的大气压力,与以之相通、顶端封闭且抽成真空的玻璃管中的水银柱对水银面产生的压力相平衡的原理制成的。

7.2.2.1 动槽式水银气压表

动槽式(又名福丁式)水银气压表由内管、外套管与水银槽等部分组成(见图 7-3),在水银槽的上部有一象牙针,针尖位置即为刻度标尺的零点。每次观测必须按要求将槽内水银面调至象牙针尖的位置上。

1. 安装

气压表应安装在温度少变、光线充足、既通风又无太大空气流动的气压室内。气压表应牢固、垂直地悬挂在墙壁、水泥柱或坚固的木柱上,切勿安装在热源(暖气管、火炉)和门窗、空调器旁边,以及阳光直接照射的地方。气压室内不得堆放杂物。

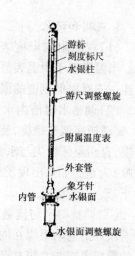

图7-3 动槽式水银气压表

安装前,应将挂板牢固地固定在准备悬挂气压表的地方。再小心地从木盒(皮套)中取出气压表,槽部向上,稍稍拧紧槽底调整螺旋1~2圈,慢慢地将气压表倒转过来,使表直立,槽部在下。然后先将槽的下端插入挂板的固定环里,再把表顶悬环套入挂钩中,使气压表自然下垂后,慢慢旋紧固定环上的三个螺丝(注意不能改变气压表的自然垂直状态),将气压表固定。最后旋转槽底调整螺旋,使槽内水银面下降到象牙针尖稍下的位置为止。安装后要稳定4 h,方能观测使用。

2. 移运

移运气压表的步骤与安装相反。先旋动槽底调整螺旋,使内管中水银柱恰达外套管窗孔的顶部为止,切勿旋转过度。然后松开固定环的螺丝,将表从挂钩上取下,两手分持表身的上部和下部,徐徐倾斜45°左右,就可以听到水银与管顶的轻击声音(如声音清脆,则表明内管真空良好;若声音混浊,则表明内管真空不良),继续缓慢地倒转气压表,使之完全倒立,槽部在上。将气压表装入特制的木盒(皮套)内,旋松调整螺旋1~2圈(使水银有膨胀的余地)。在运输过程中,始终要按木盒(皮套)箭头所示的方向,使气压表槽部朝上进行移运,并防止震动。

3. 观测和记录

(1)观测附属温度表(简称附温表,余同),读数精确到 0.1 ℃。当温度低于附温表最低刻度时,应在紧贴气压表外套管壁旁,另挂一支有更低刻度的温度表作为附温表,进行读数。

(2)调整水银槽内水银面,使之与象牙针尖恰好相接。调整时,旋动槽底调整螺旋,使槽内水银面自下而上地升高,动作要轻而慢,直到象牙针尖与水银面恰好相接(水银面上既无小涡,也无空隙)为止。如果出现了小涡,则须重新进行调整,直至达到要求为止。

(3)调整游尺与读数。先使游尺稍高于水银柱顶,并使视线与游尺环的前后下缘在同一水平线上,再慢慢降低游尺,直到游尺环的前后下缘与水银柱凸面顶点刚刚相切。此时,通过游尺下缘零线所对标尺的刻度即可读出整数。再从游尺刻度线上找出一根与标尺上某一刻度相吻合的刻度线,则游尺上这根刻度线的数字就是小数读数。

(4)读数复验后,降下水银面。旋转槽底调整螺旋,使水银面离开象牙针尖 2 ~ 3 mm。

观测时如光线不足,可用手电筒或加遮光罩的电灯(15 ~ 40 W)照明。采光时,灯光要从气压表侧后方照亮气压表挂板上的白磁板,而不能直接照在水银柱顶或象牙针上,以免影响调整的正确性。

4. 维护

(1)应经常保持气压表清洁。

(2)动槽式水银气压表槽内水银面产生氧化物时,应及时清除。对有过滤板装置的气压表,可以慢慢旋松槽底调整螺旋,使水银面缓缓下降到过滤板之下(动作要轻缓,使水银面刚好流入板下为止,切忌再向下降,以免内管逸入空气),然后再逐渐旋紧槽底调整螺旋,使水银面升高至象牙针附近。用此方法重复几次,直到水银面洁净为止。无过滤板装置的气压表,若水银面严重氧化,应报请上级业务主管部门处理。

(3)气压表必须垂直悬挂,应定期用铅垂线在相互成直角的两个位置上检查校正。

(4)气压表水银柱凸面突然变平并不再恢复,或其示值显著不正常时,应报请上级业务主管部门处理。

7.2.2.2　定槽式水银气压表

定槽式(又名寇乌式)水银气压表的构造与动槽式水银气压表大体相同,也由外套管、水银槽等部分组成(见图7-4)。所不同的是,定槽式水银气压表刻度尺零点位置不固定,槽部无水银面调整装置。因此,采用补偿标尺刻度的办法,以解决零点位置的变动问题。

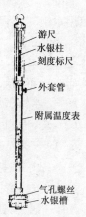

游尺
水银柱
刻度标尺
外套管
附属温度表
气孔螺丝
水银槽

图7-4　定槽式水银气压表

1. 安装

安装要求同动槽式水银气压表。安装步骤也基本相同。不同点是,当气压表倒转挂好后,定槽式水银气压表要拧松水银槽上部的气孔螺丝,表身应处在自然垂直状态,槽部不必固定。

2. 移运

先将气孔螺丝拧紧,从挂钩上取下气压表,将气压表绕自身轴线缓缓旋转,同时徐徐倒转使槽部在上,装入木盒(皮套)内。运输过程中的要求同动槽式水银气压表。

3. 观测和记录

(1)观测附温表。

(2)用手指轻击表身(轻击部位以刻度标尺下部附温表上部之间为宜)。

(3)调整游尺,读数记录。

4．维护

定槽式水银气压表的水银是定量的,所以要特别防止漏失水银。其余同动槽式水银气压表维护中(1)、(3)、(4)条。

7.2.3 本站气压的计算

使用水银气压表的台站,按下面公式计算本站气压:

$$P_h = (P + C) \times \frac{g_{\varphi,h}}{g_n} \times \frac{1 + \lambda t}{1 + \mu t}$$

式中　P_h——本站气压,hPa;

　　　P——水银气压表读数,hPa;

　　　C——器差订正值,hPa;

　　　$g_{\varphi,h}$——测站重力加速度;

　　　g_n——标准重力加速度,其值为 9.806 65 m/s^2;

　　　μ——水银膨胀系数,其值为 0.000 181 8/℃;

　　　λ——铜尺膨胀系数,其值为 0.000 018 4/℃;

　　　t——经器差订正后的水银气压表附温表读数,℃。

上式中:

$$g_{\varphi,h} = g_{\varphi,0} + 0.000\ 003\ 086 h + 0.000\ 001\ 118(h - h')$$

$$g_{\varphi,0} = 9.806\ 20 \times (1 - 0.002\ 644\ 2 \times \cos 2\varphi + 0.000\ 005\ 8 \times 2\cos 2\varphi)$$

其中　$g_{\varphi,0}$——纬度 φ 处的平均海平面重力加速度,m/s^2;

　　　h——海拔高度,m;

　　　h'——以站点为圆心,在半径为 150 km 范围内的平均海拔高度,m。

在周围地形较平坦的台站,设 $h = h'$;在周围地形差异大的台站,应采用重力加速度实测值。

人工查算本站气压的台站,为了日常工作方便,可制作专用的气压订正简表,此表须经上级业务主管部门审核批准后方可使用。

7.2.3.1 气压计

气压计是自动、连续记录气压变化的仪器。它由感应部分（金属弹性膜盒组）、传递放大部分（两组杠杆）和自记部分（自记钟、笔、纸）组成（见图7-5）。由于准确度所限，其记录必须与水银气压表测得的本站气压值比较，进行差值订正，方可使用。

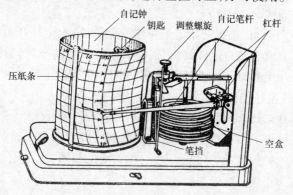

图 7-5　气压计

1. 安装

气压计应稳固地安放在水银气压表附近的台架上，仪器底座要求水平，距地高度以便于观测为宜。

2. 观测和记录

2、8、14、20时4次（一般站8、14、20时3次）定时观测时，在水银气压表观测完后，便读气压计，将读数记入观测簿相应栏中，并作时间记号。作时间记号的方法是：轻轻地按动一下仪器右壁外侧的记时按钮，使自记笔尖在自记纸上画一短垂线（无计时按钮的仪器须掀开仪器盒盖，轻抬自记笔杆使其作一记号）。

3. 更换自记纸

日转仪器每天换纸，周转仪器每周换纸一次。换纸步骤如下：

（1）作记录终止的记号（方法同定时观测作时间记号）。

（2）掀开盒盖，拨开笔挡，取下自记钟筒（也可不取下），在自记迹线终端上角记下记录终止时间。

(3)松开压纸条,取下自记纸,上好钟机发条(视自记钟的具体情况每周2次或五天1次,切忌上得过紧),换上填写好站名、日期的新纸。上纸时,要求自记纸卷紧在钟筒上,两端的刻度线要对齐,底边紧靠钟筒突出的下缘,并注意勿使压纸条挡住有效记录的起止时间线。

(4)在自记迹线开始记录一端的上角,写上记录开始时间,按反时针方向旋转自记钟筒(以消除大小齿轮间的空隙),使笔尖对准记录开始的时间,拨回笔挡并作一时间记号。

(5)盖好仪器的盒盖。

4. 自记记录的订正

在换下的自记纸上,将定时观测的实测值和自记读数分别填在相应的时间线上。气压(温度、相对湿度相同)自记记录以时间记号作为正点。

日最高、最低值的挑选和订正如下。

(1)从自记迹线中找出一日(20～次日20时)中最高(最低)处,标一箭头,读出自记数值并进行订正。订正方法:根据自记迹线最高(最低)点两边相邻的定时观测记录所计算的仪器差,用内插法求出各正点的器差值,然后取该最高(最低)点靠近的那个正点的器差值进行订正(如恰在两正点之间,则用后一正点的器差值),即得该日最高(最低)值。

在基准站,极值应采用邻近正点(24次定时)的实测值进行器差订正,当极值出现在两正点中间时,采用后一正点的器差订正值。

(2)按上述订正后的最高(最低)值如果比同日定时观测实测值还低(高)时,则直接挑选该次定时实测值作为最高(最低)值。

(3)仪器因摩擦等,自记迹线在作时间记号后,笔尖未能回到原来位置,当记号前后两处读数≥0.3 hPa(温度≥0.3 ℃,相对湿度≥3%)时,称为跳跃式变化。在订正极值时,该时器差应按跳跃前后的读数分别计算。

5. 维护

(1)经常保持仪器清洁。感应部分有灰尘时,应用干洁毛笔清扫。

(2)当发现记录迹线出现"间断"或"阶梯"现象时,应及时检查自记笔尖对自记纸的压力是否适当。检查方法:把仪器向自记笔杆的一面倾斜30°~40°,如笔尖稍稍离开钟筒,则说明笔尖对纸的压力是适宜的;如笔尖不离开钟筒,则说明笔尖对纸的压力过大;若稍有倾斜,笔尖即离开钟筒,则说明笔尖压力过小。此时,应调节笔杆根部的螺丝或改变笔杆架子的倾斜度进行调整,直到适合为止。如经上述调整仍不能纠正,则应清洗、调整各个轴承和连接部分。

(3)注意自记值同实测值的比较,系统误差超过 1.5 hPa 时,应调整仪器笔位。如果自记纸上标定的坐标示值不恰当,应按本站出现的气压范围适当修改坐标示值。

(4)笔尖须及时添加墨水,但不要过满,以免墨水溢出。如果笔尖出水不顺畅或画线粗涩,应用光滑坚韧的薄纸疏通笔缝;疏通无效时,应更换笔尖。新笔尖应先用酒精擦拭除油,再上墨水。更换笔尖时应注意自记笔杆(包括笔尖)的长度必须与原来的等长。

(5)周转型自记钟一周快慢超过 0.5 h,日转型自记钟一天快慢超过 10 min,应调整自记钟的快慢针。自记钟使用到一定期限(1 年左右),应清洗加油。

6. 自记纸的整理保存

(1)每月应将气压自记纸(其他仪器的自记纸同此),按日序排列,装订成册(一律装订在左端),外加封面。

(2)在封面上写明气象站名称、地点、记录项目和记录起止的年、月、日、时。

(3)每年按月序排列,用纸包扎并注明气象站名称、地点、记录项目及起止年、月、日。

(4)自记纸应妥善保管,勿使潮湿、虫蛀、污损。

7.2.3.2　海平面气压的计算

为了便于天气分析,需将气象站不同高度的本站气压值订正到同一高度。我国以黄海海面平均高度为海平面基准点,本站气压统一订正到此高度上,即为海平面气压。

1.海平面气压的计算公式

海平面气压的计算公式如下:

$$P_o = P_h \times 10^{\frac{k}{18\,400(1+\frac{t_m}{273})}}$$

式中　P_o——海平面气压,hPa;

P_h——本站气压,hPa;

h——气压传感器(水银槽)海拔高度,m;

t_m——气柱平均温度,℃。

气柱平均温度 t_m 的计算公式如下:

$$t_m = \frac{t + t_{12}}{2} + \frac{\gamma h}{2} = \frac{t + t_{12}}{2} + \frac{h}{400}$$

式中　t——观测时的气温,℃;

t_{12}——观测前 12 h 的气温,℃;

γ——气温垂直梯度或气温直减率,规定采用 0.5 ℃/100 m;

h——气压传感器(水银槽)海拔高度,m,对于一个测站来说,h 是一个定值,故 $h/400$ 为一常数。

2.人工计算海平面气压

人工计算海平面气压公式如下:

$$P_o = P_h + C$$

式中　P_o——海平面气压,hPa;

P_h——本站气压,hPa;

C——高度差订正值,hPa。

当水银气压表海拔高度高于海平面时,高度差订正值为正;低于海平面时,订正值为负。

(1)水银气压表海拔高度低于 15.0 m 的气象站(当低于海平面时为其绝对值,余同),用下列公式计算高度差订正值:

$$C = 34.68 + \frac{h}{t + 273}$$

式中 h——水银气压表海拔高度,m;

$\bar{t}$——年平均气温,℃。

对于某气象站而言,高度差订正值 C 是常数。若为新建气象站,无年平均气温,可利用附近高度相近的地点的年平均气温代替。

(2)水银气压表海拔高度达到或超过 15.0 m 的气象站,用下列公式计算高度差订正值:

$$C = P_h + \frac{M}{1\ 000}$$

t_m 与 h 查《气象常用表》,用内插法求算出 M 值。

一般为了日常工作方便,由上级业务主管部门统一编制适合于各气象站所需的高度差订正值(C 值)表和海平面气压订正简表。

7.2.4 风向、风力

空气运动产生的气流称为风。它是由许多在时空上随机变化的小尺度脉动叠加在大尺度规则气流上的一种三维矢量。

地面气象观测中测量的风是两维矢量(水平运动),用风向和风速表示。

风向是指风的来向,最多风向是指在规定时段内出现频数最多的风向。人工观测风向用十六方位法;自动观测,风向以度(°)为单位。

风速是指单位时间内空气移动的水平距离。风速以米/秒(m/s)为单位,取一位小数。最大风速是指在某个时段内出现的最大 10 min 平均风速值。极大风速(阵风)是指某个时段内出现的最大瞬时风速值。瞬时风速是指 3 s 的平均风速。

风的平均量是指在规定时段的平均值,有 3 s、2 min 和 10 min 的平均值。

人工观测时,测量平均风速和最多风向。配有自记仪器的要作风向、风速的连续记录并进行整理。

自动观测时,测量平均风速、平均风向、最大风速、极大风速。

测量风的仪器主要有 EL 型电接风向风速计、EN 型系列测风数据处理仪、海岛自动测风系统、轻便风向风速表、单翼风向传感器和风杯风速传感器等。

当没有测定风向、风速的仪器,或虽有仪器但因故障而不能使用时,可按照表 7-1 目测风向和风力。

表 7-1　风力等级表

风力等级	名称	海面大概波高(m)		海面和渔船征象	陆上地物征象	相当于平地10 m高处的风速(m/s)	
		一般	最高			范围	中数
0	静风	—	—	海面平静	静、烟直上	0 ~ 0.2	0
1	软风	0.1	0.1	微波如鱼鳞状,没有浪花。一般渔船正好能使舵	烟能表示风向,树叶略有摇动	0.3 ~ 1.5	1
2	轻风	0.2	0.3	小波,波长尚短,但波形显著,波峰光亮但不破裂。渔船张帆时,可随风移行每时 1 ~ 2 海里(1海里 = 1 852 m)	人面感觉有风,树叶有微响,旗子开始飘动;高的草开始摇动	1.6 ~ 3.3	2

风力等级	名称	海面大概波高(m)		海面和渔船征象	陆上地物征象	相当于平地10 m高处的风速(m/s)	
		一般	最高			范围	中数
3	微风	0.6	1	小波加大,波峰开始破裂;浪沫光亮,有时有散见的白浪花。渔船开始簸动,张帆随风移行每小时3~4海里	树叶及小枝摇动不息,旗子展开;高的草摇动不息	3.4~5.4	4
4	和风	1	1.5	小浪,波长变长;白浪成群出现。渔船满帆时,可使船身倾于一侧	能吹起地面灰尘和纸张,树枝动摇;高的草呈波浪起伏	5.5~7.9	7
5	清劲风	2	2.5	中浪,具有较显著的长波形状,许多白浪形成(偶有飞沫)。渔船需缩帆一部分	有叶的小树摇摆,内陆的水面有小波;高的草波浪起伏明显	8.0~10.7	9
6	强风	3	4	轻度大浪开始形成,到处都有更大的白沫峰(有时有些飞沫)。渔船大部分缩帆,并注意风险	大树枝摇动,电线呼呼有声,撑伞困难;高的草不时倾伏于地	10.8~13.8	12
7	疾风	4	5.5	轻度大浪,碎浪而成的白沫沿风向呈条状。渔船不再出港,在海中者下锚	全树摇动,大树枝弯下来,迎风步行感觉不便	13.9~17.1	16
8	大风	5.5	7.5	有中度的大浪,波长较长,波峰边缘开始破碎成飞沫片;白沫沿风向呈明显的条带状。所有近海渔船都要靠港,停留不出	可折毁小树枝,人迎风前行感觉阻力甚大	17.2~20.7	19

风力等级	名称	海面大概波高(m)		海面和渔船征象	陆上地物征象	相当于平地 10 m 高处的风速(m/s)	
		一般	最高			范围	中数
9	烈风	7	10	狂浪,沿风向白沫呈浓密的条带状,波峰开始翻滚,飞沫可影响能见度。机帆船航行困难	草房遭受破坏,屋瓦被掀起,大树枝可折断	20.8~24.4	23
10	狂风	9	12.5	狂涛,波峰长而翻卷;白沫成片出现,沿风向呈白色浓密条带状;整个海面呈白色;海面颠簸加大,有震动感,能见度受影响,机帆船航行颇危险	树木可被吹倒,一般建筑物遭破坏	24.5~28.4	26
11	暴风	11.5	16	异常狂涛(中小船只可一时隐没在浪后);海面完全被沿风向吹出的白沫片所掩盖;波浪到处破成泡沫,能见度受影响,机帆船遇之极危险	大树可被吹倒,一般建筑物遭严重破坏	28.5~32.6	31
12	飓风	14	—	空中充满了白色的浪花和飞沫;海面完全变白,能见度严重地受到影响	陆上少见,其摧毁力极大	32.7~36.9	35

7.2.4.1 EL 型电接风向风速计

1. 结构

EL 型电接风向风速计是由感应器、指示器、记录器组成的有线遥测仪器。

感应器由风向和风速两部分组成(见图 7-6)。风向部分由风标、风向方位块、导电环、接触簧片等组成;风速部分由风杯、交流发电机、涡轮等组成。

指示器由电源、瞬时风向指示盘、瞬时风速指示盘等组成。

记录器由八个风向电磁铁、一个风速电磁铁、自记钟、自记笔、笔挡、充放电线路等组成。

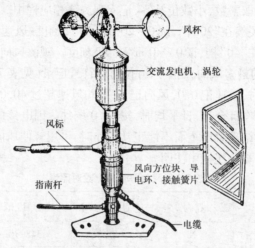

图 7-6　EL 型电接风向风速计感应器

2. 安装

(1)安装前应进行运转试验,如运转正常,方可进行安装。

(2)感应器应安装在牢固的高杆或塔架上,并附设避雷装置。风速感应器(风杯中心)距地高度 10 ~ 12 m;若安装在平台上,风速感应器(风杯中心)距平台面(平台有围墙者,为距围墙顶)6 ~ 8 m,且距地面高度不得低于 10 m。

(3)感应器中轴应垂直,方位指南杆指向正南。为检查校正方位,应在高杆或塔架正南方向的地面上,固定一个小木桩作标志。

(4)指示器、记录器应平稳地安放在值班室内桌面上,用电缆与感应器相连接;电缆不能架空,必须走电缆沟(管)。

(5)电源使用交流电(220 V)或干电池(12 V)。若使用干电池,应注意正负极不能接错。

3.观测记录

打开指示器的风向、风速开关,观测 2 min 风速指针摆动的平均位置,读取整数,小数位补零,记入观测簿相应栏中。风速小时,把风速开关拨在"20"挡,读 0 ~ 20 m/s 标尺刻度;风速大时,把风速开关拨在"40"挡,读 0 ~ 40 m/s 标尺刻度。观测风向指示灯,读取 2 min 的最多风向,用十六方位对应符号记录(见表 7-2)。

静风时,风速记 0.0,风向记 C;平均风速超过 40.0 m/s,则记为 >40.0,作日合计、日平均时,按 40.0 统计。因电接风向风速计故障,或冻结现象严重而不能正常工作时,可用轻便风向风速表进行观测,并在备注栏中注明。

表 7-2　风向符号与度数对照表

方位	符号	中心角度(°)	角度范围(°)
北	N	0	348.76 ~ 11.25
北东北	NNE	22.5	11.26 ~ 33.75
东北	NE	45	33.76 ~ 56.25
东东北	ENE	67.5	56.26 ~ 78.75
东	E	90	78.76 ~ 101.25
东东南	ESE	112.5	101.26 ~ 123.75
东南	SE	135	123.76 ~ 146.25
南东南	SSE	157.5	146.26 ~ 168.75
南	S	180	168.76 ~ 191.25
南西南	SSW	202.5	191.26 ~ 213.75

方位	符号	中心角度(°)	角度范围(°)
西南	SW	225	213.76~236.25
西西南	WSW	247.5	236.26~258.75
西	W	270	258.76~281.25
西西北	WNW	292.5	281.26~303.75
西北	NW	315	303.76~326.25
北西北	NNW	337.5	326.26~348.75
静风	C	风速≤0.2 m/s	

4. 自记纸的整理

1)时间差订正

以实际时间为准,根据换下自记纸上的时间记号,求出自记钟在 24 h 内的计时误差,按变差分配到每个小时,再用铅笔在自记迹线上作出各正点的时间记号。

当自记钟在 24 h 内的计时误差≤20 min 时,不必进行时间差订正。但要尽量找出造成误差的原因,并加以消除。

2)各时风速

计算正点前 10 min 内的风速,按迹线通过自记纸上平分格线的格数(1 格相当于 1.0 m/s)计算。例如,通过 5 格记 5.0,$3\frac{1}{3}$ 格记 3.3,$2\frac{2}{3}$ 格记 2.7。风速画平线时记 0.0,同时风向记 C。

风速自记部分是按空气行程 200 m 电接一次,风速自记笔笔尖相应跳动一次来记录的。如 10 min 内笔尖跳动一次,风速便是 0.3 m/s(即 200 m/600 s);如 10 min 内笔尖跳动两次,风速便是 0.7 m/s(即 400 m/600 s)。因此,风速的小数位只能是 0、3 和 7。

因风速记录机构失调而造成风速笔尖跳动一次就上升或下降一格,或跳动三次上升或下降两格等现象时,应根据风速笔尖在10 min 内跳动的实际次数(不是格数)来计算风速。例如,某正点前 10 min 内风速笔尖跳动四次,但通过的水平分格线是四格,则该时风速应是 1.3,而不能计算为 4.0。

3)各时风向

从各正点前 10 min 内的五次风向记录中挑取出现次数最多的。如最多风向有两个出现次数相同,应舍去最左面的一次划线,而在其余四次划线中来挑取;若仍有两个风向相同,再舍去左面的一次划线,按右面的三次划线来挑取。如五次划线均为不同方向,则以最右面的一次划线的方向作为该时记录。

正点前 10 min 内,风向记录中断或不正常(如风向笔尖漏跳),如属下列情况,可视为对正点记录无影响:

(1)风向漏跳两次,在未漏跳的三次划线中,方向是相同的;风向漏跳一次,其余的四次或其中三次划线为同一方向的。

(2)风向漏跳一次,在其余的四次划线中,前面的两次方向不同,后面的两次为同一方向的;或者第三次、第四次为同一方向,其余为不同方向的。

(3)部分风笔尖迹线虽有中断,但从实有的五次划线中挑取的最多风向为 NNE、ENE、ESE、SSE、SSW、WSW、WNW、NNW 之一的。

(4)风向记录有中断、连跳等情况发生时,但从实有记录中,参照上述方法可以判定对正点记录无影响的。

4)日最大风速

从每日(20～次日 20 时)风速记录中迹线较陡的几处线段上,分别截取 10 min 线段的风速进行比较,选出最大值作为该日10 min 最大风速,并挑取相应的风向,注明该时段的终止时间。

当日最大风速出现两次或以上相同时,可任挑其中一次的风向和终止时间。

挑取日最大风速,可跨日、跨月、跨年挑取,但只能上跨,不能下跨。例如,某月 4 日 19:51 到此月 5 日 20:01 的风速是在 5 日任意 10 min 内挑出的最大风速,则 5 日最大风速取这 10 min 的风速及风向,时间记 20:01。

7.2.4.2　EN 型系列测风数据处理仪

EN 型系列测风数据处理仪与特定感应器配套可以组成 EN1 型和 EN2 型两种自动测风仪。主要功能有:定时打印输出 2 min、10 min 平均风向、风速;打印输出大风报警、航危大风报警及解除警报的风向、风速及其出现时间,发出报警信号;每天 20 时打印输出日极大风速、最大风速及相应的风向、出现时间,日合计、日平均,并可随时显示各种瞬时值和平均值,存储 24 h 风向、风速记录。可代替 EL 型电接风向风速计的记录器、指示器和大风报警器。

7.2.4.3　海岛自动测风系统

海岛自动测风系统是专门为测量海岛出现的强风而设计的,其特点是具有较好的测强风能力。

海岛自动测风系统由自动采集部分和接收部分两部分组成。自动采集部分由风向风速传感器、数据处理器、调制解调器、无线电收发信机、太阳能板和蓄电池等组成。接收部分由计算机、调制解调器、无线电收发信机和打印机组成。采集部分对风向、风速传感器采样,然后计算出风向、风速的平均值。通过无线通信实现采集数据到接收部分的传输。

有日照时,采集部分采用太阳能电池对蓄电池充电。

7.2.4.4　轻便风向风速表

轻便风向风速表是测量风向和 1 min 内平均风速的仪器,它是用于野外考察或气象站仪器损坏时的备用仪器。

轻便风向风速表由风向部分、风速部分和手柄三部分组成(见图 7-7)。风向部分包括风向标、方位盘、制动小套,风速部分包括十字护架、风杯、风速表主机体。

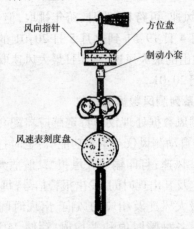

图 7-7　轻便风向风速表

轻便风向风速表的观测和记录如下:

(1)观测时应将仪器带至空旷处,由观测者手持仪器,高出头部并保持垂直,风速表刻度盘与当时风向平行;然后,将方位盘的制动小套向右转一角度,使方位盘按地磁子午线的方向稳定下来,注视风向标约 2 min,记录其摆动范围的中间位置。

(2)在观测风向时,待风杯转动约 0.5 min 后,按下风速按钮,启动仪器,再待指针自动停转后,读出风速示值(m/s);用此值从该仪器订正曲线上查出实际风速,取一位小数。

(3)观测完毕,将方位盘制动小套向左转一角度,固定好方位盘。

7.2.5　降水量

7.2.5.1　概述

1.降水量观测的目的和意义

降水是地表水和地下水的来源,它与人民的生活、生产建设的关系极为密切。因而,在人类活动的许多方面需要掌握降水资料,研究降水规律。如农业生产、抗旱防汛等工作要经常了解降水情况,并通过降水资料分析旱涝规律;在水利、国防、交通、城市、工矿等各项建设中,需要降水资料作为推算径流和设计洪水的依据;在水文气象预报和水文分析研究工作中也都需要降水资料。

开展降水量的观测,就是要系统地收集降水资料,探索降水量在地区和时间上的分布规律,以满足工农业生产和国家建设的需要。

2. 定义

降水是指从天空降落到地面上的液态或固态(经融化后)的水。

降水观测包括降水量和降水强度的观测。

降水量是指某一时段内的未经蒸发、渗透、流失的降水,在水平面上积累的深度。以毫米(mm)为单位,取一位小数。

降水强度是指单位时间的降水量,通常测定 5 min、10 min 和 1 h 内的最大降水量。

常用测量降水的仪器有雨量器、翻斗式雨量计、虹吸式雨量计和双阀容栅式雨量传感器等。

3. 降水等级划分

一般以 24 h 降水总量来衡量,也有 12 h 的。降水量级划分如表 7-3 所示。

4. 降水量观测场的选择

(1)场地位置应能满足设站目的的要求。

(2)尽可能选择在四周空旷、平坦,避开局部地形地物影响的地点,要保证在降水倾斜下降时,四周物体不致影响降水落入雨量器内。一般情况下,四周障碍物与仪器的距离不得少于障碍物顶部与仪器器口高差的 2 倍。

(3)观测场地应有适当的专用面积,其大小以使仪器安置互不影响,便于观测为原则。布设一种观测仪器时,一般以不小于 4

m×4 m为宜;有两种观测仪器时,一般以不小于4 m×6 m为宜。

表7-3　降水量级划分

降水强度等级划分	24 h降水总量(mm)	12 h降水总量(mm)
小雨、阵雨	0.1~9.9	≤4.9
小雨—中雨	5.0~16.9	3.0~9.9
中雨	10.0~24.9	5.0~14.9
中雨—大雨	17.0~37.9	10.0~22.9
大雨	25.0~49.9	15.0~29.9
大雨—暴雨	33.0~74.9	23.0~49.9
暴雨	50.0~99.9	30.0~69.9
暴雨—大暴雨	75.0~174.9	50.0~104.9
大暴雨	100.0~249.9	70.0~139.9
大暴雨—特大暴雨	175.0~299.9	105.0~169.9
特大暴雨	≥250.0	≥140.0

5.观测场的设置和维护

(1)为保护仪器设备,场地周围应设置高约1.2 m的栅栏,栅栏的疏密以能阻挡家禽等动物进入,且保持场内空气畅通为原则。

(2)观测场应保持环境清洁,围栅完好,地面平整,不应种植对降水观测有影响的作物。避免场内积水,需要时,场内可铺小道,场外周围可挖排水沟。

7.2.5.2　降水量观测仪器

1.雨量器

1)构造

雨量器是观测降水量的仪器,它由雨量筒与量杯组成(见图7-8)。雨量筒用来承接降水物,它包括承水器、储水瓶和外筒。

我国采用直径为 20 cm 的正圆形承水器,其口缘镶有内直外斜刀刃形的铜圈,以防雨滴溅失和筒口变形。承水器有两种:一种是带漏斗的承雨器,另一种是不带漏斗的承雪器。外筒内放储水瓶,以收集降水量。量杯为一特制的有刻度的专用量杯,其口径和刻度与雨量筒口径成一定比例关系,量杯有 100 分度,每 1 分度等于雨量筒内水深 0.1 mm(见图 7-8)。

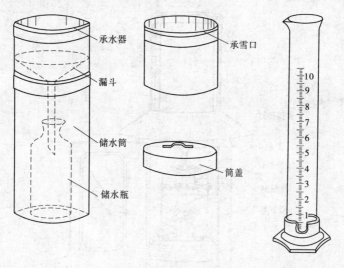

图 7-8　雨量器与量杯

2)安装

气象站雨量器安装在观测场内固定架子上。器口保持水平,距地面高 70 cm。冬季积雪较深地区,应有一个较高的备用架子。当雪深超过 30 cm 时,应把仪器移至备用架子上进行观测。

单纯测量降水的站点不宜选择在斜坡或建筑物顶部,应尽量选在避风地方。不要太靠近障碍物,最好将雨量器安在低矮灌木丛间的空旷地方。

2. 双翻斗雨量计

1）工作过程

双翻斗雨量传感器装在室外，主要由承水器（常用口径为20 cm）、上翻斗、计量翻斗、计数翻斗等组成（见图7-9）。采集器或记录器（见图7-10）在室内，两者用导线连接，用来遥测并连续采集液体降水量。

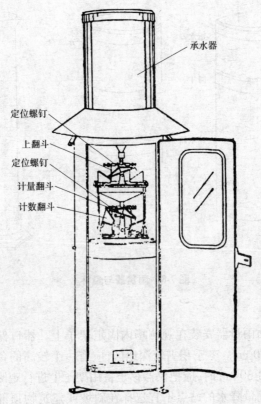

承水器

定位螺钉

上翻斗

定位螺钉

计量翻斗

计数翻斗

图 7-9　双翻斗雨量传感器

承水器收集的降水通过漏斗进入上翻斗，当雨水积到一定量

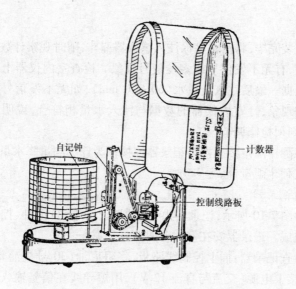

自记钟

计数器

控制线路板

图 7-10　双翻斗式遥测雨量计记录器

时,由于水本身重力作用使上翻斗翻转,水进入汇集漏斗。降水从汇集漏斗的节流管注入计量翻斗时,就把不同强度的自然降水调节为比较均匀的降水强度,以减少由于降水强度不同所造成的测量误差。当计量翻斗承受的降水量为 0.1 mm 时(也有的为 0.5 mm 或 1 mm 翻斗),计量翻斗把降水倾倒到计数翻斗,使计数翻斗翻转一次。计数翻斗在翻转时,与它相关的磁钢对干簧管扫描一次。干簧管因磁化而瞬间闭合一次。这样,降水量每次达到 0.1 mm 时,就送出去一个开关信号,采集器就自动采集存储 0.1 mm 降水量。

2)安装与检查

先将承水器外筒安在观测场内,底盘用三个螺钉固定在混凝土底座或木桩上,要求安装牢固、器口水平。感应器安在外筒内,注意当上翻斗处于水平位置时,漏斗进水口应对准其中间隔板。最后将电缆线与室内仪器连接,电缆线不能架空,必须走电缆沟

（管）。

安装完毕,将清水徐徐注入感应器漏斗,随时观察计数翻斗翻动过程,有无不发信号或多发信号现象。检查室内仪器上是否采集到数据。最后注入定量水(60~70 mm),如无不发信号或多发信号的现象,且室内仪器的数据与注入水量相符合,说明仪器正常,否则须检修调节。

双翻斗雨量传感器与记录器连接作为连续测量降水量的仪器称为双翻斗雨量计。

3）记录器

如图 7-10 所示,记录器由计数器、记录笔、自记钟、控制线路板等组成。记录器安在室内台架上。

检查记录器:插上控制线路板,将阻尼油(30 号机油)注满阻尼管,接上电源(交流与直流 12 V),用短导线在信号输入端断续进行短接,此时记录、计数应能同时工作。然后装上自记纸,用导线将传感器与记录器连接,把计量翻斗与计数翻斗倾于同一侧,将计数器复"0",自记笔调到零位。

3. 虹吸式雨量计

1）构造原理

虹吸式雨量计是用来连续记录液体降水的自记仪器,它由承水器(通常口径为 20 cm)、浮子室、自记钟和虹吸管等组成(见图 7-11)。

有降水时,降水从承水器经漏斗进水管引入浮子室。浮子室是一个圆形容器,内装浮子,浮子上固定有直杆与自记笔连接。浮子室外连虹吸管。降水使浮子上升,带动自记笔在钟筒自记纸上画出记录曲线。当自记笔尖升到自记纸刻度的上端(一般为 10 mm)时,浮子室内的水恰好上升到虹吸管顶端。虹吸管开始迅速排水,使自记笔尖回到"0"刻度线上,重新开始记录。自记曲线的坡度可以表示降水强度。由于虹吸过程中落入雨量计的降水也随

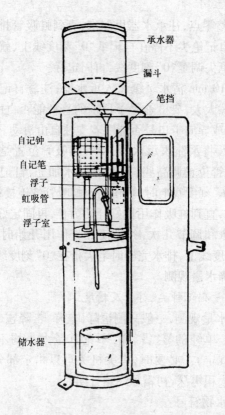

承水器

漏斗

笔挡

自记钟

自记笔

浮子

虹吸管

浮子室

储水器

图 7-11 虹吸式雨量计

之一起排出,因此要求虹吸排水时间尽量短,以减小测量误差。

2) 安装与检查

仪器安装的地方和要求与翻斗式遥测雨量计相同。

内部机件的安装:先将浮子室安好,使进水管刚好在承水器漏斗的下端;再用螺钉将浮子室固定在座板上;将装好自记纸的钟筒套入钟轴;最后把虹吸管插入浮子室的侧管内,用连接螺帽固定。虹吸管下部放入储水器。

开始使用前,必须按以下顺序对虹吸式雨量计进行调整检查:

（1）调整零点，往承水器里倒水，直到虹吸管排水为止。待排水完毕，若自记笔尖不停在自记纸"0"刻度线上，就要拧松笔杆固定螺钉，把笔尖调至"0"刻度线，再固定好。

（2）用 10 mm 清水缓缓注入承水器，注意自记笔尖移动是否灵活；如摩擦太大，要检查浮子顶端的直杆能否自由移动，自记笔右端的导轮或导向卡口是否能顺着支柱自由滑动。

（3）继续将水注入承水器，检查虹吸管位置是否正确。一般可先将虹吸管位置调高些，待 10 mm 水加完，自记笔尖停留在自记纸"10 mm"刻度线上时，拧松固定虹吸管的连接螺帽，将虹吸管轻轻往下插，直到虹吸作用恰好开始为止，再固定好连接螺帽。此后，重复注水和调节几次，务必使虹吸作用开始时自记笔尖指在"10 mm"刻度线上，排水完毕时笔尖指在"0"刻度线上。

7.2.5.3　降水量观测

1. 降水量测记种类、符号及精度

（1）降水量观测，一般只测记降雨、降雪、降雹的水量，并注记雪、雹符号。单纯的雾、露、霜，不论其量大小均不测记（特殊情况，可另作规定）。必要时，有关机关可以指定部分测站，测记雹的粒径、最大积雪深、初霜和终霜日期。

（2）降水物符号：

✳——雪；

●✳——有雨，也有雪；

▲✳——有雹，也有雪；

▲——雹或雨夹雹；

⊔——霜（供原始记载使用，记符号，不记量）。

降水物符号记于降水量数值的右侧。

（3）降水量记至 0.1 mm，不足 0.05 mm 的降水不做记载。历时记至分钟。每日降水以 8 时为日分界，从本日 8 时至次日 8 时的降水量为本日的日降水量。

2. 用雨量器观测降水量

1) 降水量的分段

(1) 一般采用定时分段观测制,时段数及其相应时间,见表 7-4。测站各时期所采用的段次,在《测站任务书》中规定。

表 7-4　降水量分段表

段数	观测时间											
1 段	8											
2 段	20	8										
4 段	14	20	2	8								
6 段	12	16	20	24	4	8						
8 段	11	14	17	20	23	2	5	8				
12 段	10	12	14	16	18	20	22	24	2	4	6	8
24 段	从本日 8 时至次日 8 时,每小时观测一次											

(2) 必要时,有关机关可指定一些测站除分段观测外,测记降水起讫时间,加测一次降水量。降水间隔等于或小于 15 min 者看做一次降水,间隔大于 15 min 者,看做两次降水。

2) 液体降水量的量法

将储水瓶内的水倒入量杯,放平量杯,使视线与量杯水面齐平,观测量杯中水面的凹液面,记至 0.1 mm。每次观测后应立即记入记载簿中。如果降水量很大,量杯不能一次量完,则可分几次量,将总数记入记载簿中。每次的雨水待复测后方可倒去。

3) 固体降水量 (雪、雹) 的量法

固体降水量一般可用下述几种方法测量:

(1) 将雨量筒放入室内,待固体融化后 (不准用火烤) 再进行测量。

(2) 将固体倒入容器内,再加入定量的温热水,使其融化,量

· 125 ·

其总量,减去加入温热水的量,即为固体降水量。

(3)用较灵敏的秤(一般要求读数精度不低于 3 g),称出雪或雹的质量,再称出同质量的水,倒入量杯量读。

雪量较大的地区,降雪时应将承雨器或漏斗取下,直接用雨量筒承雪,以免雪满溢出。有观测积雪深任务的测站,可在观测场或附近有代表性的地方,测量三点,取其平均值,记入降水量记载簿,记至 0.01 m。积雪深的测量次数按上级要求进行。

若降较大冰雹,应加测冰雹的平均直径。

3.用双翻斗雨量计测记降水量

1)观测和记录整理

从计数器上读取降水量,供编发气象报告和服务使用,读数后按回零按钮,将计数器复位。复位后,计数器的五位 0 数必须在一条直线上。

自记记录供整理各时降水量及挑选极值用。

遇固态降水,凡随降随化的,仍照常读数和记录;否则,应将承水器口加盖,仪器停止使用(在观测簿备注栏注明),待有液体降水时,再恢复记录。

2)自记纸的更换

(1)一日内有降水(自记迹线上升≥0.1 mm),必须换纸。换纸时有降水,在记录迹线终止和开始的一端均用铅笔画一短垂线,作为时间记号;换纸时无降水,在新自记纸换上前拧动笔位调整旋钮,把笔尖调至"0"刻度线上。

(2)换纸时遇强降雨,若自记纸尚有一部分可继续记录,则可等雨停或雨势转小后再换纸。如估计短时间内雨不会停,也不会转小,则可拨开笔尖,转动钟筒,在原自记纸的开始端(此处须无降水记录,或有降水,但自记迹线不致重叠)对准时间,重新记录。待雨停或转小后,立即换纸。换下的自记纸应注明情况,分别在两天的迹线上标明日期,以免混淆。

(3)一日内无降水时,可不换纸。每天在规定的换纸时间,先作时间记号,再拨开自记笔,旋转钟筒,重新对准时间;放回自记笔,拧动笔位调整旋钮(或按微调按钮),使自记笔上升约 1 mm 的格数,以免每日迹线重叠。无降水时,一张自记纸可连续使用 8 ~ 10 天。

仅因有雾、露、霜量使自记迹线上升≥0.1 mm 时,则不必换纸,但应在自记纸背面备注。

3)自记纸的整理

(1)时间差订正:凡 24 h 内自记钟计时误差达 1 min 或以上时,自记纸均须作时间差订正。订正方法同风的自记纸整理。

(2)按上升迹线计算出两个正点记号间水平分格线实际上升的格数,即为该时降水量。如换纸时有降水,致使换纸时间内的降水量未记录上,这一部分量应作为换纸所在时段里的降水量。没有上升迹线的各时段空白。

(3)降雹时按自记迹线读取各时降水量,但应在自记纸背面注明降雹起止时间(夜间不守班的站,夜间降雹可只注明情况)。

4)调整与维护

新仪器(包括冬季停用后重新使用或调换新翻斗)工作一个月后的第一次大雨,应作精度对比,即将自身排水量与计数、记录值相比。如发现差值超过 ±4%,应首先检查记录器工作是否正常,计数与记录值是否相符,干簧管有无漏发或多发信号现象。如是由于仪器的基点位置不正确所造成的,应作基点调整。

仪器调整方法如下:旋动计量翻斗的两个定位螺钉。将一个定位螺钉旋动一圈,其差值改变量为 3% 左右;如两个定位螺钉都往外或往里旋动一圈,其差值改变量为 6% 左右。

如差值((排水量 − 记录值)/排水量 × 100%)是 − 2%,可将其中的一个定位螺钉往外旋动 2/3 圈。

如差值是 +6%,可将两个定位螺钉都往里旋动一圈。

为使调节位置准确,在松开定位螺帽前,需在定位螺钉上作位置记号。调节好后,需拧紧定位螺帽。

每一次降水过程将计数值与自身排水总量比较,如多次发现10 mm以上降水量的差值超过 ±4%,则应及时进行检查。必要时应调节基点位置。

仪器每月至少定期检查一次,清除过滤网上的尘沙、小虫等,以免堵塞管道,特别要注意保持节流管的畅通。无雨或少雨的季节,可将承水器口加盖,但注意在降水前及时打开。翻斗内壁禁止用手或其他物体抹拭,以免沾上油污。

如用干电池供电,必须定期检查电压。如电压低于 10 V,应更换全部电池,以保证仪器正常工作。

结冰期长的地区,在初冰前将感应器的承水器口加盖,不必收回室内,并拔掉电源。

4.用虹吸式雨量计测记降水量

1)观测和记录

自记记录供自动站雨量缺测时,整理各时降水量及挑选极值用。遇固体降水时,处理方法同翻斗式遥测雨量计。

2)自记纸的更换

(1)无降水时,自记纸可连续使用 8～10 天,用加注 1.0 mm 水量的办法来抬高笔位,以免每日迹线重叠。

(2)有降水(自记迹线上升≥0.1 mm)时,必须换纸。自记记录开始和终止的两端须做时间记号,可轻抬自记笔根部,使笔尖在自记纸上画一短垂线;若记录开始或终止时有降水,则应用铅笔做时间记号。

(3)当自记纸上有降水记录,但换纸时无降水,则在换纸前应作人工吸虹(给承水器注水,产生吸虹),使笔尖回到自记纸“0”刻度线位置。若换纸时正在降水,则不作人工虹吸。

(4)其他同翻斗式遥测雨量计。

3）自记纸的整理

（1）在降水微小的时候，自记迹线上升缓慢，只有累积量达到 0.05 mm 或以上的那个小时，才计算降水量。其余不足 0.05 mm 的各时栏空白。

（2）其他同翻斗式遥测雨量计。

4）维护

（1）在雨季，每月应将承水器内的自然排水进行 1~2 次测量，并将结果记在自记纸背面，以备使用资料时参考。如有较大误差且非自然虹吸所造成，则应设法找出原因，进行调整或修理。

（2）虹吸管与浮子室侧管连接处应紧密衔接，虹吸管内壁和浮子室内不得黏附油污，以防漏水或漏气而影响正常虹吸。浮子直杆与浮子室顶盖上的直柱应保持清洁，无锈蚀；两者应保持平行，以减小摩擦，避免产生不正常记录。

在初结冰前，应把浮子室内的水排尽；冰冻期长的地区，应将内部机件拆回室内保管。

7.2.6　蒸发量

7.2.6.1　概述

1. 水面蒸发观测的目的和意义

水的蒸发是水循环过程中的一个重要环节，是水库、湖泊等水量损失的一部分，又是研究陆面蒸发的基本参考资料。在水利工程的水文水利计算和水库、湖泊的水量平衡研究等项工作中，都需要水面蒸发资料。

开展水面蒸发观测工作，是为了探索水体的水面蒸发在不同地区和时间上的分布规律，为水文水利计算和科学研究提供依据。

2. 蒸发器

1）蒸发器的性能

目前，全国蒸发站网上使用的观测仪器主要有 E-601 型蒸发器、口径为 80 cm 带套盆的蒸发器和口径为 20 cm 的蒸发皿三种。

根据全国多处蒸发试验站对各种类型的蒸发器及不同安置方式的试验结果,认为鉴别仪器性能的标准是:有较好的代表性(与自然水体蒸发量接近,相关系数高)和较高的稳定性(折算系数在时间上和地区上变化稳定,变幅小)。

口径为 20 cm 的蒸发皿,具有易于安装、观测方便的优点。但因暴露在空间且体积小,不同于自然水体的自然景观,受上下、四周各种附加热的影响大,其代表性和稳定性是各种类型蒸发器中的最差者。

口径为 80 cm 的蒸发器,也是暴露在空间,但因水体增大且带有套盆,改善了热交换条件。因此,它的代表性和稳定性较口径为 20 cm 的蒸发皿好。

E - 601 型蒸发器埋入地下,使仪器内水体和器外土壤之间的热交换较接近自然水体的情况,并设有水圈,不仅有助于减轻溅水对蒸发的影响,而且起到了增大蒸发器面积的作用。因而,它与口径为 20 cm 的蒸发皿和 80 cm 的蒸发器相比,代表性和稳定性都较优。但它有观测不够方便、小动物和灰沙易进入器内、蒸发器不易就地制造等缺点。

水面蒸发器观测的标准仪器是改进后的 E - 601 型蒸发器,应积极创造条件,广泛采用。目前无 E - 601 型蒸发器的,可暂用口径为 80 cm 带套盆的蒸发器观测。冰期用 E - 601 型或口径为 80 cm 带套盆的蒸发器观测有困难时,可用口径为 20 cm 的蒸发皿观测。有些地区以往非冰期也使用口径为 20 cm 的蒸发皿观测,如目前没有条件换为 E - 601 型蒸发器,也可暂时继续使用。

2)E - 601 型蒸发器

(1)E - 601 型蒸发器的组成。

E - 601 型蒸发器主要由蒸发桶、水圈、溢流桶和测针等四部分组成。其结构和安装尺寸如图7-12所示。

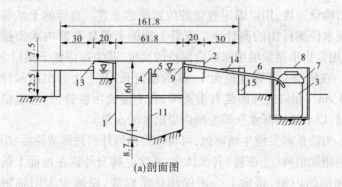

(a)剖面图

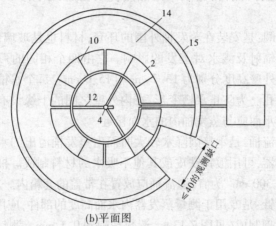

(b)平面图

1—蒸发桶;2—水圈;3—溢流桶;4—测针座;5—器内水面指示针;
6—溢流用胶管;7—放置溢流桶的箱;8—箱盖;9—溢流嘴;10—水圈上缘的撑挡;
11—直管;12—直管支撑;13—水圈的排水孔;14—土圈;15—土圈外圈的防坍设施

图 7-12　E-601 型蒸发器结构和安装尺寸　（单位:cm）

　　蒸发桶:是一个器口面积为 3 000 cm²,且具有圆锥底的圆柱桶,用 2~3 mm 厚的钢板焊制而成。圆柱体部分的高度为 60 cm,锥形部分的高度为 8.7 cm。器口要求正圆,口缘做成里直外斜的刀刃形。在桶底中心装置一直管,在直管的中部用3根支撑将直管与桶壁连接,用以固定直管的位置使之垂直。直管的上端装有安插水位测针用的测针座。直管上端的旁侧装有器内水面指示针,用以指示蒸发桶中水面应保持的高度,其尖端应低于桶口7.5 cm。在桶壁上开有直径为1 cm的溢流孔,其下边高出指示针尖端3 cm。孔口的外侧装有溢流嘴,套上溢流用胶管,与溢流桶相连通,以承接因降水从蒸发桶内溢出来的水量。

为防止蒸发桶生锈腐蚀,可将蒸发桶内外的铁锈清除后,用环氧树脂加填料(立德粉)各涂抹2~3次。桶身外露在地面上的部分和桶的内侧,再涂上一道船用优质白漆,以减少太阳辐射的影响。

水圈:是安装在蒸发桶外围的环套,材料也是玻璃钢,用以减少太阳辐射及溅水对蒸发的影响。它由四个相同的弧形水槽组成。内外壁高度分别为13.7 cm和15.0 cm。每个水槽的壁上开有排水孔。为防止水槽变形,在内外壁之间的上缘设有撑挡。水圈内的水面应与蒸发桶内的水面接近。

溢流桶:是承接因降水较大时而由蒸发桶溢出的水量的圆柱形储水器,可用镀锌铁皮或其他不吸水的材料制成。桶的横截面面积以300 cm^{2}为宜,溢流桶应放置在带盖的套箱内。

测针:是专用于测量蒸发器内水面高度的部件,应用螺旋测微器的原理制成(见图7-13)。读数精确到0.1 mm。测针插杆的杆径与蒸发器上测针座插孔孔径相吻合。测量时使针尖上下移动,对准水面。测针针尖外围还设有静水器,上下调节静水器位置,使底部没入水中。

(2)E-601型蒸发器的安装。

E-601型蒸发器安装在观测场内。安装时,力求少挖动原土。将蒸发桶放入坑内,必须使器口离地面30 cm,并保持水平。桶外壁与坑壁间的空隙应用原土填回捣实。水圈与蒸发桶必须密

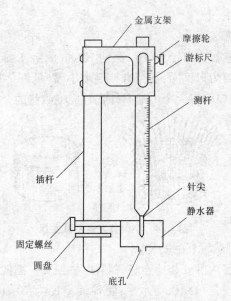

金属支架
摩擦轮
游标尺
测杆
插杆
针尖
静水器
固定螺丝
圆盘
底孔

图 7-13　测针示意图

合。水圈与地面之间,应取与坑中土壤相接近的土料填筑,其高度应低于蒸发桶口缘约 7.5 cm。在土圈外围,还应有防塌设施,可用预制弧形混凝土块拼成,或水泥砌成外围。

（3）E–601 型蒸发器的维护。

蒸发器用水的要求:应尽可能用代表当地自然水体(江、河、湖)的水。在取自然水有困难的地区,也可使用饮用水(井水、自来水)。器内水要保持清洁,水面无漂浮物,水中无小虫及悬浮污物,无青苔,水色无显著改变。一般每月换一次水。蒸发器换水时应清洗蒸发桶,换入水的温度应与原有水的温度相接近。

每年在汛期前后(长期稳定封冻的地区,在开始使用前和停止使用后),应各检查一次蒸发器的渗漏情况等;如果发现问题,应进行处理。

定期检查蒸发器的安装情况,如发现高度不准、不水平等,要及时予以纠正。

3）小型蒸发器

小型蒸发器为口径20 cm，高约10 cm 的金属圆盆，口缘镶有内直外斜的刀刃形铜圈，器旁有一倒水小嘴（见图7-14）。为防止鸟兽饮水，器口附有一个上端向外张开成喇叭状的金属丝网圈。

图7-14　小型蒸发器及蒸发罩

（1）小型蒸发器的安装。

在观测场内的安装地点竖一圆柱，柱顶安一圈架，将蒸发器安放其中。蒸发器口缘保持水平，距地面高度为70 cm。冬季积雪较深地区的安装同雨量器。

（2）小型蒸发器的维护。

每天观测后均应清洗蒸发器，并换用干净水。冬季结冰期间，可10 天换一次水。

应定期检查蒸发器是否水平、有无漏水现象，并及时处理。

7.2.6.2　蒸发场的选择和仪器安置

1. 水面蒸发场的选择

水面蒸发场的位置应符合以下要求：

（1）蒸发场四周应空旷、平坦，避开局部地形、建筑物及树木等障碍物的影响。场地的边缘与最邻近的丘岗、建筑物、树木或农作物的距离一般应不小于它们高度的5～10 倍。在受到客观条件的限制，按上述要求选择场地有困难时，可以酌量放宽条件，但仍应做到场地相对的平坦、空旷，使观测资料有一定的代表性。

（2）蒸发场应离大水体远些，以避开其影响。

（3）蒸发场内及其周围，一般不应产生地面积水。但在地下水位普遍较高的地区，蒸发场可设在有代表性的地方，不考虑地下水位的变化及其影响。沼泽化的河滩和有泉水溅出的地段，不适宜建立蒸发场。

（4）选择场址应考虑到加水的方便，水源的水质应符合观测用水的要求。

（5）在城市和工矿区附近的蒸发场，最好选在工矿区最多风向的上风面，以减少烟尘对蒸发器内水质的影响。

（6）在大洪水期有可能被淹没的地区，一般应避免设站。如确有需要，应考虑在淹没时期采取相应的观测措施。

（7）应了解和注意到，拟选用的蒸发场址附近，今后可能发生的环境改变，对蒸发观测可能产生的影响。

2. 水面蒸发场的设置

（1）陆上水面蒸发场的大小应根据布设仪器的类型和多少而定，图 7-12 所示蒸发场的尺寸，是最低限度的要求，在有条件的地区，场地可以适当放大。

（2）陆上水面蒸发场内的仪器布置，如图 7-12 所示。场内各仪器之间应避免相互遮住阳光和影响空气流通。它们彼此间的间距及仪器至栅栏的间距应不小于二者高差的 2 倍。冰期使用口径为 20 cm 的蒸发皿时，其位置可设在已停止使用的 E-601 型蒸发器或口径为 80 cm 的蒸发器的原处。

（3）场地应平整，不要有坑洼和土堆。有条件时可平铺浅草，E-601 型蒸发器的周围，草高不得超过器口。需要时，场内可铺设小路，场的四周可开挖排水沟。

（4）场地四周应设高 1.2 m 左右的稀疏的不影响空气流通的围栅。

（5）场地的上空不应有电线等跨越。

（6）在有风沙的地方，可在风沙的来路上铺设卵石、碎石、草皮等物,必要时并可用麦秸、灌木等插在蒸发场外迎风沙的一面,做成沙障,阻拦沙土。沙障至蒸发场的距离要满足不小于沙障高度的 5 ~ 10 倍。

7.2.6.3 蒸发量观测和计算

1. 观测的时间

(1)一般每日 8 时观测蒸发量和降水量一次。西部地区冬季 8 时观测有困难时,有关机关可规定以其他时间作为蒸发量的日分界,降水之日应在该时加测一次降水量,以便计算蒸发量。但降水量资料的日分界仍在 8 时不变。

观测人员应于定时观测前到达观测场地,检查各项仪器设备是否良好,尤其当大雨或大风浪(指漂浮水面蒸发场)过后,应查清蒸发器内的水有无溅进或泼出。

(2)在暴雨时,如预计蒸发器水面将升高很多,可能出现器内水量溅进、泼出的问题,或溢流桶可能盛满外溢时,应适时从蒸发器内汲出定量水量或加测溢流桶的水量。

(3)在规定的观测时间以前,预计大雨或大风(指漂浮水面蒸发场)即将来临,影响正点观测时,可以提前观测。如正点观测时刻正值大雨或大风,观测工作也可推迟进行,但提前和推迟时间不得超过 2 h,观测的蒸发量仍视为该日蒸发量,并将情况在记载簿内注明。若推迟时间超过 2 h,可不测,而合并至次日定时观测中。

(4)仅一人的测站,若在定时观测时需观测两个以上项目,则可将在时间上变化较大的项目予以正点观测。其他项目可提前,或推迟观测。

2. 观测的精度

蒸发量以"mm"计,测记至 0.1 mm。

3. 冰期的观测

(1)封冻期较长的地区,可改用口径为 20 cm 的蒸发皿观测,并注意两种仪器的更换日期应在月初。蒸发量很小时,可 2 ~ 5 日观测一次。

（2）在南方地区,冬季仅短期结有薄冰的站,可不必更换观测仪器。

（3）在规定的观测时刻内蒸发器水面覆有薄冰,而在白天全部融尽者,可改在解冰时间进行观测。

（4）如蒸发器中仅在短期内结有冰盖,则在这个时期停止每天的观测,至冰盖全部融化后,观测结冰期内的蒸发总量。

（5）凡有结冰现象的观测值的右旁,都应加结冰符号"B"。

（6）漂浮水面蒸发场在水体封冻期,可停止蒸发量的观测。

4. 用 E－601 型蒸发器观测和记录

每日 8 时进行观测。观测时先调整测针针尖与水面恰好相接,然后从游标尺上读出水面高度。读数方法:通过游尺零线所对标尺的刻度,即可读出整数;再从游尺刻度线上找出一根与标尺上某一刻度线相吻合的刻度线,游尺上这根刻度线的数字,就是小数读数。

如果由于调整过度,使针尖伸入到水面之下,此时必须将针尖退出水面,重新调好后始能读数。

蒸发量计算公式如下:

蒸发量 = 前一日水面高度 + 降水量(以雨量器观测值为准) － 测量时水面高度

观测后检查蒸发桶内的水面高度,如水面过低或过高,应加水或吸水,使水面高度合适。每次水面调整后,应测量水面高度值,记入观测簿次日蒸发量的原量栏,作为次日观测器内水面高度的起算点。如因降水,蒸发器内有水流入溢流桶时,应测出其量(使用量尺或 3 000 cm² 口面积的专用量杯;如使用其他量杯或台秤,则须换算成相当于 3 000 cm² 口面积的量值),并从蒸发量中减去此值。

为使计算的蒸发量准确和方便起见,在多雨地区的气象站或多雨季节应增设一个蒸发专用的雨量器。该雨量器只在蒸发量观测的同时进行观测。

有强降水时,通常采取如下措施对 E－601 型蒸发器进行观测:

(1)降大到暴雨前,先从蒸发器中取出一定水量,以免降水时溢流桶溢出,计算日蒸发量时将这部分水量扣除掉。

(2)预计可能降大到暴雨时,将蒸发桶和专用雨量筒同时盖住(这时蒸发量按"0.0"计算),待雨停或转小后,把蒸发桶和专用雨量筒盖同时打开,继续进行观测。

冬季结冰期很短或偶尔结冰的地区,结冰时可停止观测,在该日蒸发量栏记"B";待某日结冰融化后,测出停测以来的蒸发总量,记在该日蒸发量栏内,但不得跨月、跨年。当月末或年末蒸发器内结有冰盖时,应沿着器壁将冰盖敲离,使之呈自由漂浮状后,仍按非结冰期的要求,测定自由水面高度。

冬季结冰期较长的地区可停止观测,整个结冰期改用小型蒸发器观测冰面蒸发,但应将 E－601 型蒸发器内的水吸净,以免冻坏。

5. 口径为 20 cm 的蒸发皿观测和记录

每天 8 时进行观测,测量前一天 8 时注入的 20 mm 清水(即今日原量)经 24 h 蒸发剩余的水量,记入观测簿余量栏。然后倒掉余量,重新量取 20 mm(干燥地区和干燥季节须量取 30 mm)清水注入蒸发器内,并记入次日原量栏。蒸发量计算公式如下:

$$蒸发量 = 原量 + 降水量 - 余量$$

有降水时,应取下金属丝网圈;有强降水时,应注意从蒸发器内取出一定的水量,以防水溢出。取出的水量及时记入观测簿备注栏,并加在该日的余量栏中。

因降水或其他原因,蒸发量为负值时,记 0.0。蒸发器中的水量全部蒸发完时,按加入的原量值记录,并加">",如 > 20.0。

如在观测当时正遇降水,在取走蒸发器时,应同时取走专用雨量筒中储水瓶;放回蒸发器时,也同时放回储水瓶。量取的降水量,记入观测簿蒸发栏中的降水量栏内。

没有 E－601 型蒸发器的气象站,全年使用小型蒸发器进行观测;有 E－601 型蒸发器,但在冬季结冰期较长的气象站,冬季结冰期停止使用 E－601 型蒸发器进行观测,用小型蒸发器进行冰面蒸发量观测,用称量法测量。两种仪器替换时间应选在结冰开始和化冰季节的月末 8 时观测后进行。E－601 型蒸发器和小型蒸发器测得的蒸发量分别记在大型栏与小型栏内。

如结冰期有风沙,在观测时,应先将冰面上积存的尘沙清扫出去,然后称重。称重后须用水将冻着在冰面上的尘沙洗去,再补足 20 mm 水量。

7.2.6.4　蒸发观测用水要求

(1)蒸发器中的水应经常保持清洁,以水面上无漂浮物,水中无悬浮污物,器壁无严重锈迹、青苔,水色无显著改变为宜。不合上述要求时应及时换水。在水源困难和水质较差地区,标准可略放宽,但观测用水也要力求保持清洁。

(2)陆上水面蒸发场的蒸发器,可使用能代表自然水体的水。当水色混浊,含有泥沙或其他杂物时,应在自然沉淀后使用。水质一般要求为淡水。如当地的水源含有盐碱,为符合当地水体的水质情况,也可使用。在吸取地表水有困难的地区,可使用能供饮用的井水。

(3)漂浮水面蒸发场的蒸发器,都用水体中的水,而不考虑其水质情况。

(4)套盆和水圈内的水,也要大体上清洁、不变色,并进行必要的更换。

(5)蒸发器换水时,换入水的水温以接近器内原有水的水温为宜,不能相差太悬殊;否则,换水后的几天蒸发量,将产生较大的误差。

7.2.6.5　日蒸发量的计算

（1）一日蒸发量和降水量一般均以 8 时为日分界,算得的蒸发值作为前一日的蒸发量。

（2）不使用溢流桶时,用 E - 601 型蒸发器观测的一日蒸发量按下式计算:

$$E = P + (h_1 - h_2)$$

式中　E——一日蒸发量,mm;

　　　P——一日累计降水量,mm,以雨量器观测值为准,如只装有自记雨量计者,可用自记雨量计观测值;

　　　h_1、h_2——上次和本次测得的蒸发器内水面高度,mm。

（3）使用溢流桶时,用 E - 601 型蒸发器观测的一日蒸发量按下式计算:

$$E = P + (h_1 - h_2) - Ch_3$$

式中　h_3——溢流桶内的水深读数,mm;

　　　C——溢流桶与蒸发器面积的比值;

　　　其他符号意义同前。

（4）用口径为 20 cm 的蒸发皿观测的一日蒸发量按下式计算:

$$E = \frac{W_1 - W_2}{31.4} + P$$

式中　W_1、W_2——上次和本次称得蒸发皿的质量,g;

　　　31.4——蒸发皿内每 1 mm 水深的质量,g;

　　　其他符号意义同前。

（5）负值的处理:计算的蒸发量有时出现负值,可能是空气中水汽在水面的凝结量大于蒸发量,也可能是其他原因造成的,应随时检查,分析其原因。当实际蒸发量很小时,蒸发量算出负值者,一律作零处理,并在记载簿内说明。

7.3 气象资料整编

测得的各项原始资料,都要经过资料整编,按科学的方法和统一的格式整理、分析、统计,提炼成为系统的整编成果,供科学研究和经济建设应用。现主要对降水量及蒸发量资料的整编规定及方法进行介绍。

7.3.1 降水量资料整编

7.3.1.1 降水量资料整编工作内容

降水量资料整编工作内容如下:

(1)对观测记录进行审核,检查观测、记载、缺测等情况;对于自记资料,除检查时间和订正虹吸外,还应检查故障的处理情况。

(2)整理数据。

(3)整编逐日降水量表、降水量摘录表、各时段最大降水量表(1)和各时段最大降水量表(2)。

(4)检查单站合理性。

(5)编制降水量资料整编说明表。

7.3.1.2 降水量数据整理采用方法的规定

降水量数据整理采用方法应符合下列规定:

(1)当一个站同时有自记记录和人工观测记录时,应使用自记记录。自记记录有问题的部分,可用人工观测记录代替,但应附注说明。自记记录无法整理时,可全部使用人工观测记录,同时期的降水量摘录表与逐日降水量表所依据的记录,必须完全一致。

(2)做各时段最大降水量表(1)的气象站,根据自记曲线转折情况选摘数据;做各时段最大降水量表(2)的气象站,自记记录一般按24段制摘取数据,人工观测记录根据观测段制整理数据。

7.3.1.3　降水量插补与改正的要求

降水量插补与改正应符合下列要求。

1. 降水量的插补

缺测之日，可根据地形、气候条件和邻近气象站降水量分布情况，采用邻站平均值法、比例法或等值线法进行插补。

2. 降水量的改正

如自记雨量计短时间发生故障，使降水量累积曲线发生中断或不正常时，通过分析对照或参照邻站资料进行改正。对不能改正部分采用人工观测记录或按缺测处理。

7.3.1.4　降水量摘录的要求

降水量摘录应符合下列要求。

(1) 自记站可选择一部分站按 24 段制摘录，其他自记站根据需要确定一种段制摘录。选站的原则如下：

① 水文站一般均列入。

② 降水径流分析需要的站。

③ 山区、丘陵、平原交界处及水文站以上(区间)集水区中心应有站。

④ 考虑面上分布均匀，在暴雨中心区、山区、暴雨梯度大的地区，站应适当加密。

⑤ 选系列长、观测质量好的站。

⑥ 降水较少的地区，也可规定自记站全部列入。

⑦ 选定的站应尽量维持历年稳定。

(2) 人工观测站按观测段制摘录。

(3) 雨洪配套摘录：中小河流水文站以上的配套雨量站，其资料主要是为了满足暴雨洪水分析的需要，可采用与洪水配套的摘录方法，摘录段制可按涨洪历时的 1/3 确定。

(4) 稀遇暴雨的摘录标准可由复审汇编单位确定。

7.3.1.5　降水量单站合理性检查的规定

降水量单站合理性检查应符合下列规定：

（1）各时段最大降水量应随时间加长而增大，长时段降水强度一般应小于短时段的降水强度。

（2）降水量摘录表或各时段最大降水量表与逐日降水量表相对照，检查相应的日量及符号，24 h 最大量应大于或等于一日最大量，各时段最大量应大于或等于摘录中相应的时段量。

7.3.2　水面蒸发量资料整编

7.3.2.1　水面蒸发量资料整编工作内容

水面蒸发量资料整编工作内容如下：

（1）编绘陆上（漂浮）水面蒸发场说明表及平面图；

（2）整理数据；

（3）整编逐日水面蒸发量表及水面蒸发量辅助项目月年统计表；

（4）检查单站合理性；

（5）编制水面蒸发量资料整编说明表。

7.3.2.2　水面蒸发量插补、改正和换算的要求

水面蒸发量插补、改正和换算应符合下列要求。

1.插补

（1）当缺测日的天气状况与前后日大致相似时，可根据前后日观测值直线内插，也可借用附近气象站资料。

（2）观测水汽压力差和风速资料的站，可绘制有关因素的过程线或相关线进行插补。

2.改正

当水面蒸发量很小时，测出的水面蒸发量是负值者，应改正为"0.0"，并加改正符号。

3. 换算

一年中采用不同口径的蒸发器进行观测的站,当历年积累有20 cm 口径蒸发皿与 E-601 型蒸发器比测资料时,应根据分析的换算系数进行换算,并附注说明。

7.3.2.3 水面蒸发量单站合理性检查的规定

水面蒸发量单站合理性检查应符合下列规定:

(1)逐日水面蒸发量与逐日降水量对照。对突出偏大、偏小确属不合理的水面蒸发量,应参照有关因素和邻站资料予以改正。

(2)观测辅助项目的站,水面蒸发量还可与水汽压力差、风速的日平均值进行对照。水汽压力差与风速越大,则水面蒸发量越大。

7.3.3 整编表格

7.3.3.1 逐日降水量表填列方法

逐日降水量表如表 7-5 所示。

表 7-5 逐日降水量表

年份:　　测站编码:　　　　　　　　　　　　　　　　　　　　(单位:mm)

日期	月份											
	一	二	三	四	五	六	七	八	九	十	十一	十二
1												
2												
3												
4												
5												
6												
7												
8												
9												
10												

日期	月份											
	一	二	三	四	五	六	七	八	九	十	十一	十二
11												
12												
13												
14												
15												
16												
17												
18												
19												
20												
21												
22												
23												
24												
25												
26												
27												
28												
29												
30												
31												

月统计	总量												
	降水日数												
	最大日量												

年统计	降水量			降水日数				
	时段(d)	1		3	7	15		30
	最大降水量							
	开始日期	月　日		月　日	月　日	月　日		月　日

附注	

1. 逐日降水量填列方法

(1)表中数值均已依据审核后的降水量观测记载簿或订正后的自记记录中计算得出。

(2)有降水之日,填记一日各时段降水量的总和。降雪或降雹时在降水量数值的右侧加注观测物符号。有必要测记初终霜的站,在初终霜之日记霜的符号。

整编符号与观测物符号并用时,整编符号记在观测物符号之右。

(3)少数日期降水量缺测(丢失、作废)者,应尽量予以插补;不能插补的记"—"符号。全月缺测者,各日空白,仅在月总量栏记"—"符号。

(4)降雪量缺测,知其雪深者,可按10:1(有试验数据时,可采用试验值)将雪深折算成降水量填入逐日栏内,并将折算比例记入附注。

(5)未按日界观测降水量,但知其降水总量者,可根据邻站降水历时和雨强资料进行分列并加分列符号"Q";无法分列的将总量记入最后一日,在未测日栏记合并符号"!"。

2. 月总量填列方法

(1)填本月各日降水量的总和。

(2)全月未降水者,记"0"。

(3)一月部分日期(或时段)雨量缺测,月统计总量仍予计算,但应加不全统计符号")"。

(4)全月缺测者,记"—"符号。

(5)有跨月合并情况者,合并的量记入后一个月。前后月的月总量不加任何符号。合并量较大时应附注说明。

3. 月降水日数填列方法

(1)填本月降水日数的总和。

（2）全月无降水日者,记"0"。

（3）全月缺测者,记"—"符号。

（4）一部分日期缺测者,根据有记录期间的降水日数统计,但应加不全统计符号。确知有降水合记合并符号之日,可加入全月降水日数统计。

4．月最大日量填列方法

（1）全月无降水者,本栏空白。

（2）全月缺测者,记"—"符号。

（3）一月部分日期缺测或无记录者,仍应挑选,但应加不全统计符号。如确知其为月最大日量,则不加不全统计符号。

（4）一月部分日期有合并降水者,如合并各日的平均值比其余各日仍大,可选做月最大日量,并加不全统计符号。

（5）全月只有合并的降水量者,记"—"符号。

5．年降水量、各时段最大降水量、附注填列方法

（1）年降水量、降水日数:参照月统计规定统计。

（2）各时段最大降水量:从逐日降水量栏中,分别挑选全年最大1日降水量及连续3、7、15、30日(包括无降水之日在内)的最大降水量填入,并记明其开始日期(以8时为日界)。全年资料不全者,统计值应加不全统计符号,能确知其为年最大降水量时,也可不加不全统计符号。

（3）附注:填列雨量场(器)的迁移情况(迁移日期、方向、距离、高差等),有关插补、分列资料情况,影响资料精度等的说明。

7.3.3.2　降水量摘录表填列方法

降水量摘录表如表7-6所示。

表 7-6　降水量摘录表

年份:　　　测站编码:　　　　　　　　　　　　　　　共　页,第　页

月	日	起 时:分	止 时:分	降 水量 (mm)	月	日	起 时:分	止 时:分	降 水量 (mm)	月	日	起 时:分	止 时:分	降 水量 (mm)

1. 摘录表编制说明

(1)填表方法有两种,选用哪一种填表方法,由复审汇编单位确定。

方法一:记降水起止时分,当一次降水量的起止时分跨过一个或几个正点分段时间时,则将该次降水按正点分段时间分成几段,分别记各段起止时间及各段降水量。有时可记相邻段的合并时间及降水总量。

方法二:不记降水起止时分,只记降水的起止时段及降水量,有时可记相邻段的合并时段及降水总量。

(2)采用"汛期全摘"的气象站,在汛期前、后出现与汛期大水有关的降水,均应摘录。非汛期的暴雨,其洪水已列入洪水水文要素摘录表时,该站及上游各站的相应降水均应摘录。

(3)采用"雨洪配套摘录"的气象站,应根据洪水水文要素摘录表所列入的洪水,摘录该站及上游各站的相应降水,必要时,还应摘录流域界周围站的相应降水。

(4)当相邻时段的降水强度≤2.5 mm/h(少雨地区可减少)者,可予合并摘录,合并后不跨过2段的分界时间。各复审汇编单位也可根据需要规定不跨过4段或8段的分界时间,但同一站同年资料必须一致。同一复审汇编单位的资料合并标准也尽可能统

一,并维持相对稳定。

2. 记降水起止时分填列方法

(1)月、日、起止时分:一次降水分为几段者,填记各段开始的月、日和开始及终止时分;一次降水只有一段者,填记该次开始的月、日和开始及终止时分。

(2)降水量:填记降水过程中定时分段观测及降水终止时所测得的降水量。

(3)起止时分缺测,但各时段降水量记录完整者,起止时分栏填降水开始以前和结束以后正点分段观测的时间,但只记时不记分。月、日栏填"起"时所在月、日。

(4)未按日界或分段时间进行观测但知其总量者,记总的起止时间及其总量。

(5)一日或若干日全部缺测者,在月、日、时分栏记缺测的起止时间,只记时不记分。缺测一日者记一行,降水量栏记"—"符号;缺测两日以上者,分记两行,只在下一行降水量栏记"—"符号。

3. 不记降水起止时分填列方法

(1)月、日、起止时间:填列时段开始的月、日和起止时间,时段小于1 h,记至时分;时段大于等于1 h,记至时。

(2)各种缺测情况及配套摘录,可按照记起止时分的有关规定填列。

7.3.3.3　各时段最大降水量表(1)填列方法

各时段最大降水量表(1)如表7-7所示。

1. 各时段最大降水量表(1)编制说明

各时段最大降水量表(1)汇列部分自记雨量站指定时段的年最大降水量及发生日期。选站时可根据暴雨公式的指数变化大小,以及地域分布情况,由复审汇编单位确定。已选定的站要维持历年稳定。自记雨量站较少的地区可全作本表。

表7-7　各时段最大降水量表(1)

年份：　　　　　　　　　　　　　　　　　　　　　　　共　页,第　页

测站编码	站名	时段(min)												
		10	20	30	45	60	90	120	180	240	360	540	720	1 440
		最大降水量(mm)												
		开始(月-日)												

2.统计与填列方法

(1)各分钟时段最大降水量一律采用1 min或5 min滑动进行挑选,在数据整理时,应注意采用1 min或5 min滑动摘录,在同一复审汇编单位的同一年资料中,标准尽量保持一致。

(2)表中各时段最大降水量值,分别在全年的自记记录纸上连续滑动挑选。

(3)自记雨量计短时间发生故障,经邻站对照分析插补修正的资料,可参加统计。

(4)无自记记录期间可对人工观测资料进行挑选,但应附注说明暴雨的时间、降水量等情况。一年内暴雨期自记记录不全或有舍弃情况,且无人工观测资料时,应在有自记记录期间挑选,并附注情况说明,如年内主要暴雨都无自记记录,则不编本表。

(5)为了便于统计和准确选到各时段的年最大降水量,可由复审汇编单位自行确定填列标准,逐月挑选各时段最大降水量。

(6)挑选出来的数据分记两行,上行为各时段最大降水量,下行为对应时段的开始日期。日期以零时为日分界线。

· 150 ·

7.3.3.4 各时段最大降水量表(2)填列方法

各时段最大降水量表(2)如表7-8所示。

表7-8 各时段最大降水量表(2)

测站编码	站名	时段(h)											
		1		2		3		6		12		24	
		降水量	开始	降水量	开始	降水量	开始	降水量	开始	降水量	开始	降水量	开始
		(mm)	月 日	(mm)	月 日	(mm)	月 日	(mm)	月 日	(mm)	月 日	(mm)	月 日

1. 各时段最大降水量表(2)编制说明

(1)各时段最大降水量表(2)填列各站1、2、3、6、12、24 h最大降水量及日期。为了使用方便,可将各站资料连续编排列入同一表内,也可单站成表。

(2)有自记雨量记录并编制"各时段最大降水量表(1)"的站,不再列入表内,其他站一般均作此项统计。雨量站很密时,也可由复审汇编单位选定一部分站作此统计,但应保持系列长期稳定。

2. 统计与填列方法

(1)表内各小时时段降水量,通过降水量摘录表统计而得。

(2)凡作此项统计的自记站或人工观测站,均按观测时段或摘录时段滑动统计。当有合并摘录时,应按合并前资料滑动统计。

(3)按24段观测或摘录的,各种时段最大降水量都应统计;按12段观测或摘录的,统计2、6、12、24 h的最大降水量;按8段观测或摘录的,统计3、6、12、24 h的最大降水量;按4段观测或摘录的,只统计6、12、24 h的最大降水量。不统计的各栏,任其空白。按两段制观测或只记日量的站,不作此项统计。

(4)挑选出来的各时段最大降水量,均应填记其时段开始的日期。日期以零时为日分界。

7.3.3.5 逐日水面蒸发量表填列方法

逐日水面蒸发量表如表7-9所示。

表7-9 逐日水面蒸发量表

年份：　　　蒸发器位置特征：　　　蒸发器型式：　　　　　　（单位:mm）

日期	月份											
	一	二	三	四	五	六	七	八	九	十	十一	十二
1												
2												
3												
4												
5												
6												
7												
8												
9												
10												
11												
12												
13												
14												
15												
16												
17												
18												
19												
20												
21												
22												
23												
24												
25												
26												
27												
28												
29												

日期	月份											
	一	二	三	四	五	六	七	八	九	十	十一	十二
30												
31												
月统计 总量 最大 最小												
年统计	水面蒸发量			最大日水面蒸发量			最小日水面蒸发量					
	终冰月日					初冰月日						
附注												

1.表头填列方法

(1)蒸发器位置特征:填水面蒸发场名称。如"陆上水面蒸发场"。

(2)蒸发器型式:填所用蒸发器型式。如"E-601型蒸发器"、"20 cm口径蒸发皿"等。一年使用两种仪器者,分别填出其型式及使用时间。

2.逐日水面蒸发量填列方法

表中数值从审核后的观测记载表中抄录。

(1)如果算出的水面蒸发量为负值,则一律记为"0.0+"。

(2)水面蒸发量短时间缺测,尽量参照邻站及有关因素插补,日值加"@"符号。

(3)蒸发器结冰期间,不论是逐日观测或数日测记一次水面蒸发总量,均在观测值右侧加注结冰符号"B",未观测日栏内填记合并及结冰符号"!B"。连续封冻期较长的站,也可不注结冰符号,改在附注栏说明。非结冰期数日测记一次水面蒸发总量的,在未观测日栏填记合并符号"!"。

·153·

（4）因故未能正点观测，如对日水面蒸发量影响较大，应附注说明。

（5）结冰期跨月观测者，应按日数的比例分别算出前月分配量和后月分配量。前月分配量记在月末一日栏内；后月分配量记在观测日栏内。两个数值均加注结冰符号"B"及分列符号"Q"。例如"16.2QB"。

3. 月统计填列方法

（1）月水面蒸发总量：填记各月逐日水面蒸发量之和。一月内有合并、分列数值者，应当做资料齐全，月水面蒸发量不加不统计符号。

（2）月最大、最小日水面蒸发量：从各月逐日水面蒸发量中挑选。有合并数值者，以每个合并期间的总量除以相应总日数，算出该期间的日平均水面蒸发量，参加月最大、最小值挑选。如平均值当选为最大、最小，应加不统计符号。

4. 年统计填列方法

（1）年水面蒸发量：填记各月月水面蒸发量之和。

（2）年最大、最小日水面蒸发量：从各月最大、最小值中挑选。

（3）一月或一年内用两种不同类型蒸发器观测，应换算为同一口径资料。如不能换算，不作月或年统计，相应栏空白。

（4）初冰、终冰日期：初冰、终冰日期按结冰符号所在日统计发生日期。终冰日期：填记本年 1 月 1 日至 6 月 30 日期间蒸发器内最后一次结冰日期。初冰日期：填记从本年 7 月 1 日至年末期间蒸发器内第一次结冰日期。初冰、终冰均在上半年出现时，在初冰的月日前加填年份，或空白，在附注中说明。

（5）附注：注明冰期观测仪器及方法，特殊观测情况、换算系数、插补及其他有关资料的精度说明。

第8章 暴雨、洪水调查

8.1 目的和作用

在发生重大水土流失危害,需要用暴雨洪水资料进行分析时,应进行暴雨洪水调查。洪水调查包括考察洪水痕迹和收集有关资料,推算一次洪水的总量、洪峰流量、洪水过程以及重现期的全部技术工作。

8.2 暴雨调查

8.2.1 暴雨调查的内容

暴雨调查的内容如下。

(1)暴雨量:确定本次暴雨的最大雨量,若有困难,应估算暴雨量级的上下限。

(2)暴雨范围:调查暴雨的中心、走向、分布和大于某一量级的笼罩面积。

(3)暴雨成因:结合天气现象和气象资料分析暴雨成因。

(4)灾情调查:调查暴雨对建筑物、地貌、农田、道路、居民点和工矿企业等单位设施冲蚀或破坏情况。

(5)洪水调查:在靠近暴雨中心的小河流上,选择适当的河段进行洪水调查,并反推估算暴雨量。

(6)估算暴雨的重现期和调查暴雨量可靠程度的评定。

8.2.2 暴雨调查的方法

暴雨调查的方法如下:

(1)收集县、乡(镇)、村雨量观测资料,如农场、学校、水库、灌区等,并分析印证承雨器位置和测算法的可靠性。

(2)暴雨调查点的选择,在暴雨中心地区应密些,暴雨边缘地区可稀些,以能绘制出暴雨等值线为宜。

(3)每个调查点宜调查两个以上的暴雨数据。

(4)暴雨量的估算,一般利用群众放在空旷露天处不受地形、地物等影响的生产和生活用具等容器来推算。测算前应注意承雨器雨前有无积水或其他物品,雨水有无旁溢、渗漏、取水或外水加入等。承雨器内的水体体积、承雨器口面积等应准确量算。

(5)特大暴雨中心地区的调查记录应与邻近的基本站、专用站、雨量站和气象站实测记录相互印证。

(6)暴雨重现期的调查分析,对特大暴雨一般可根据老年人的亲身经历和传闻,历史文献文物的考证和相应中小河流洪水的重现期比较后确定。

8.2.3 暴雨调查成果的整理和合理性检查要求

(1)填制各调查点暴雨量表。

(2)绘制该暴雨量等值线图。

(3)绘制暴雨面积和深度关系图。

(4)暴雨调查点成果与邻近站实测暴雨成果相对照,分析其合理性。

(5)调查成果与相应洪水资料比较,用中小河流断面实测(或调查)洪水总量与相应的面平均雨量之比,计算该次洪水的径流系数,检查其合理性。

8.2.4 暴雨量调查可靠程度评定

点暴雨量可靠程度评定按表8-1进行。

表8-1　点暴雨量可靠程度评定

项目	等级		
	可靠	较可靠	供参考
指认人印象和水痕情况	亲眼所见,水痕位置清楚具体	亲眼所见,水痕位置不够清楚具体	听别人说,或记忆模糊,水痕模糊不清
承雨器位置	四周比较空旷,不受地形地物影响,器口距地面高度0.7～2.0 m	四周地物较拥挤,但受地形地物影响不大,器口高于地面2.0 m或承雨器在房顶上	受地形地物影响较大
雨前承雨器内情况	空着或有其他物质,但能计算出具体的体积	有其他物质,计算出的体积不够准确	有其他物质,其体积数量记忆不清
雨期承雨器漫溢情况	无	无	无

8.2.5 暴雨调查报告编写

(1)调查情况:调查范围、人员组成、天气、洪水和灾情情况、调查对象、容器情况及成果评价。

（2）附表：调查对象和容器情况表，整编情况说明表，调查成果表。

（3）附图：调查点分布图、暴雨量等值线图和面深关系图。

（4）附照片：调查地点及承雨器（瓶、缸、桶）照片。

8.3 洪水调查

8.3.1 洪水调查的内容

洪水调查的内容如下：

（1）特大洪水发生时间、洪水总量、洪峰流量及相应的暴雨量。

（2）河道决口、水库溃坝的洪水总量、洪峰流量及相应的时间。

（3）历史上曾出现的最高水位和最大流量及持续时间、发生次数等。

洪水调查工作中，应调查洪水痕迹，测量洪水痕迹的高程，调查河段的河槽情况，了解流域自然地理情况，测量调查河段的纵横断面，必要时还要在调查河段进行简易地形测量，最后对调查成果进行分析，推算洪水总量、洪峰流量、洪水过程及重现期，写出总结报告。

8.3.2 洪水调查的准备工作

8.3.2.1 明确任务

每个调查组成员应了解调查任务和要求，明确调查目的，学习调查方法和有关规定。

8.3.2.2　收集资料

洪水调查应收集以下资料：

（1）调查流域或河段的详细地形图、河道纵横断面图等。

（2）调查流域或河段水准基点高程、位置及记载图表。

（3）有关调查流域的水利规划资料、水利工程设施情况、水文气象图集、手册等资料。

（4）有关调查流域或河段的查勘报告、地方志以及水利历史文献等。摘录有关洪水、暴雨、干旱及流域地理特征的材料，并注意从交通部门了解桥涵最大洪水资料。

（5）有关调查流域或河段附近水文测站的考证图表、历年洪水位、洪峰流量、水位与流量关系曲线、比降、糙率以及上下游水文站洪水预报图表等资料。

（6）了解调查地区的交通情况，以便选择交通路线。

8.3.2.3　洪水调查工具

洪水调查应准备必要的仪器、工具及用品。

一般应携带的测绘计算工具有 GPS、水准仪、经纬仪、望远镜、照相机、秒表、水准尺、测杆、皮尺、计算器、求积仪及有关表簿等。必要时还应携带救生设备。

8.3.2.4　拟订工作计划

在上述准备工作的基础上，根据调查任务及人力、物力情况，拟订调查工作计划。

8.3.3　调查的方法

8.3.3.1　依靠当地各级政府

洪水调查人员到达调查地区后，必须向当地相关部门汇报洪水调查工作的目的和意义，请他们给予协助，并请他们介绍有关情况。

8.3.3.2 流域或河道查勘

对调查地区的概况有了初步的了解后,应对调查的流域或河道进行查勘,了解有关流域情况或河道顺直情况(河床、断面、河滩,中间有无支流、分流等)。进一步了解河流洪水情况、河道变化情况,寻找洪水痕迹地点、标志等,作为选择调查测量的根据。

8.3.3.3 深入调查访问并指认洪水痕迹

选定调查地点以后,应寻找熟悉洪水情况的群众到现场指认洪水痕迹,并按调查内容,细致、深入、全面地进行访问。

8.3.3.4 召开座谈会确定洪水痕迹

在深入访问中,所得到的材料若有矛盾和不足的地方,可以组织有关被访问者举行座谈,以便共同回忆、互相启发、彼此印证,以得到比较正确的结论。访问中应作访问记录。对已确定下来的洪水痕迹应作出标记。

8.3.4 调查河段的选择

选择调查地点,越靠近工程地点越好。除此以外,还应在上下游若干千米内另选一两个地点进行调查,以资校核。

为使洪水调查及计算具有可靠的结果,当用比降法及水面曲线法计算流量时,所选定河段应具备下列条件:

(1)有足够数量的可靠的洪水痕迹,为此,在选定河段的两岸,宜有若干村庄,以便查询历年大洪水的最高水位。

(2)河道的平面位置及断面在多年中没有较大变化,当年洪水时的过水断面、河床情况应是可以求知的。

(3)河段比较顺直,没有大的支流加入,河槽内没有阻塞或变动回水、分流等现象。

(4)全河段各处断面的形状及其大小比较一致,在不能满足此条件时,应选择向下游收缩的河段。

(5)河段各处河床覆盖情况比较一致。

(6)当利用控制断面及人工建筑物推算洪峰流量时,要求该河段的水位受到其下游瀑布、急滩、窄口或狭谷等控制;有洪水时建筑物能正常工作,水流渐近段具有良好的形状,无旋涡现象;建筑物上下游无因阻塞所引起的附加回水,并且在其上游适当位置具有可靠的洪水痕迹。

8.3.5 洪水痕迹调查

(1)洪水痕迹的位置,应尽可能利用比较顺直的河段或控制断面(如急滩、卡口、滚水坝、桥梁等)的上游进行调查。

(2)洪水痕迹相距的距离及其处数的多少,视有无控制断面及所采用的方法而定。两个洪水痕迹的距离不宜过长,过长时,中间常有支流汇入或河道断面及河底比降的急剧变化,使水面坡降曲折。但也不宜太短,过短时,洪水痕迹高程测量的误差对比降值的计算影响较大。为了准确地推算洪峰流量,在一个河段中,一般应调查3个以上的洪水痕迹,连成洪水水面线,以便与该河段中低水位水面线和河床纵断面相比较,从而判断其合理性。

(3)洪水痕迹最好在左右两岸进行调查。在弯曲河段,由于水流离心力的作用,凹岸的水位常较凸岸为高,其高差可按下式计算:

$$\Delta H = \frac{V^2 B}{gR}$$

式中 ΔH——凸岸、凹岸水位高差,m;

V——平均断面流速,m/s;

B——水面宽,m;

R——河道的曲率半径,m;

g——重力加速度,取 9.81 m/s^2。

(4)较可靠的洪水痕迹,要在固定的建筑物上寻求,如庙宇、碑石、老屋、寨墙、桥梁、老树、阶石、窑洞等。其他如在街沿、坡道、礁石、悬崖河岸边、堤防、坝塘以及河沙到过的地方（如黄河上洪水到过的地方，一般水面高于沙面 0.3 ~ 0.5 m），也可以调查出一些洪水痕迹。

(5)洪水痕迹的调查尽可能在河边村庄附近进行，访问那些居住久、记忆力强、经历过涨水的老居民。

(6)询问时应注意，被访问者有时把浪头冲击高度说成是最高水位，因此请该地居民指示水痕时，应尽可能地选择室内或围墙内洪水平静的地方。

除居民能够证明并在该地实际指出最高水位外，还必须向他们打听他们从先辈那里听说过的最高洪水位。

当需要确定许多年中的洪水位时，还须注意不要把属于同一洪水的不同水位痕迹，误认为是各次洪水的痕迹。在记录中还应注明被访问者认为所记述的资料是可靠的还是可疑的。

由群众指点的洪水痕迹，结合上述的辨识以后，就可对洪水痕迹的可靠程度作出初步判断。在测量高度以后，通过对各个痕迹的比较，再对其可靠性作出最后判断。

(7)洪水痕迹经查访确定后，以红漆作好标记，旁写洪水发生年、月、日及调查机关、调查时间等。重要的洪水痕迹可以刻写在岩石上，或埋立石桩等作固定标志。

查访洪水痕迹时应随时记录，经整理后列成洪水痕迹调查表。样表如表8-2所示。

8.3.6 洪水痕迹可靠性的评价

洪水痕迹经调查测量之后，应对其可靠性作出评价。洪水痕迹的可靠性，可分为三级，即可靠、较可靠、供参考。各级可靠程度条件，评定参考标准见表8-3。

表 8-2　洪水痕迹调查样表

洪痕编号	所在村镇及地点	洪水发生年、月、日		洪痕高程 (m)	说明人姓名、年龄、住址	洪水发生情况	资料可靠程度
		阴历	公历				
1	××水文站浮标上断面附近	民国六年六月初六	1917 年7 月 24 日	125.88	李庚寅,67 岁,住××村	民国六年洪水与天成滩道堤顶平,那时我的房子盖在河边,那年涨水后才迁走。我地里曾上水,我在地里捞白瓜。那年连阴雨 40 余天	较可靠
2	××村东南井台边(公路桥上游 53 m)	民国六年六月初六	1917 年7 月 24 日	126.15	侯润章,71 岁,××村开茶馆	民国六年六月某日晨,河里的水开始上涨。到吃早饭时,就猛涨,一直涨到我的茶馆里。水不深,刚刚漫进来。待了半天,水就住下落,落了 3 天光景	较可靠

续表 8-2

洪痕编号	所在村镇及地点	洪水发生年、月、日		洪痕高程 (m)	说明人姓名、年龄、住址	洪水发生情况	资料可靠程度
		阴历	公历				
3	××村东角, 火神庙旧址	咸丰三年	1853年	127.06	刘永成,76岁; 简其昌,76岁, 住××村	咸丰三年涨了大水,听老年人说,河水将火神庙里火神像的胡子都漂起来了。该庙日寇来后才拆毁。像高5尺(1尺=0.333 3 m)左右,座台高约4尺	附近各村普遍传说
4	××村东角, 火神庙旧址	民国六年	1917年	124.79	刘永成	民国六年也发过大水,各地都下雨,水涨了昼夜7星,水到庙前台阶下。民国二十八年以前河在东头走,河床内有相当多卵石,现在河底深了,过去水浅的河床较宽一些,是民国六年河由西往东移去	尚可靠

表 8-3　洪水痕迹可靠程度评定参考标准

评定因素	等级		
	可靠	较可靠	供参考
指证人的印象和旁证情况	亲身所见,印象深刻,所述情况逼真,旁证确凿	亲身所见,印象较深刻,所述情况较逼真,旁证材料较少	听传说,或印象不深,所述情况不够清楚具体,缺乏旁证
标志物和洪痕情况	标志物固定,洪痕位置具体或有明显的洪痕	标志物变化不大,洪痕位置较具体	标志物已有较大的变化,洪痕位置不具体
估计可能误差范围(m)	<0.2	0.2~0.5	0.5~1.0

8.3.7　历史洪水考证

我国历代各类史籍、文献、碑文、档案中,关于洪涝灾害的记载年代久远,材料十分丰富,是考证历史洪水的宝库,应加以收集、整理和分析。

8.3.7.1　历史文献资料收集

历史文献资料可从以下几方面收集。

(1)地方志类:各地的省志(通志)、府(州)志、县志是记载历史洪水的主要资料之一。《中国地方志综录》阐述了各地方志的名称、版本及藏书地点,可供参阅。

(2)"宫廷档案"和"实录"类。

(3)水利河道专著:有关河道决口、迁徙、改道,以及水利措施、堤防修筑等方面的记载。

(4)史书类:如《汉书》、《资治通鉴》等。

(5)历史水文气象记录:在重要的河道、湖泊、城镇或水工程地点,历史上曾有水文气象的定点观测资料。

(6)在庙堂、殿堂、学府、凉亭、渡口和桥梁等古建筑物附近,常因洪水灾害保留有碑文、刻记等文物资料。

(7)地区性的历史档案、早期的报刊及散落在民间的诗文、手稿、日记、账本、歌谣、家谱、族谱等。

8.3.7.2 资料摘录方法和要求

1.摘录范围

摘录范围应比洪水调查地区大些,如扩充到上下游和相邻流域的州县,以利于综合分析。

2.摘录内容

除摘录直接反映洪水的雨情、水情和灾情记载外,尚需摘录与洪水有关的城镇、古建筑物的沿革、变迁史以及河道、植被、地貌等前后所发生的变化情况。

3.摘录要求

对资料的来源、出处、所依据的版本及其编纂的年代,应详细注明。对原词句、年号、地名等应保留原文。

8.3.7.3 资料整理

资料一般按历史编年的顺序进行整理。

8.3.7.4 历史资料的审查与考证

1.历史资料的甄别

甄别文献记载辗转相抄有无错误,不同资料来源相互对比,不同版本记载差异,以发现矛盾、辨别真伪。

2.地理名称的沿革考证

由于朝代的更迭、行政区划的变动或受各种自然灾害的影响,地名常有变更,应先予以考证。

3.古建筑物变迁考证

用古建筑物变迁考证洪水大小时,对建筑物的几经重建、改建或已毁等记载,应考证分析。

4.河道、地貌变化考证

对河流的决口、改道、分流、冲淤,各个时期引洪的路径和输水能力,以及流域原植被破坏、垦山开荒、水土流失情况,应全面了解和考证。

5.历代长度单位考证

我国历代长度单位(尺)是不统一的,应考证后予以换算。

8.3.7.5 历史洪水分析

1.洪水量级分析

当分析洪水痕迹有困难时,可按洪水大小分为四级,即非常洪水、特大洪水、大洪水和一般洪水。

2.洪水过程特征分析

历史文献详细记载洪水涨落过程时,可绘出水位过程线,经实地考查和论证后确定;无详细记载时,可从降雨特征分析洪水过程的大致形状。

3.洪水地区分布分析

应结合雨情、水情和灾情,按情节的大小、轻重程度,分析洪水的地区组成、大雨区的范围和暴雨中心区的位置。

4.大洪水水位分析

将某一时期的各级大洪水发生的次数,按洪水的大小或量级顺序排列,以估计各次大洪水的重现期。

8.3.8 洪水调查的测量工作

8.3.8.1 洪水痕迹的水准测量

洪水痕迹测量一般用水文四等水准测量,地形比较复杂时可低于水文四等水准测量,但往返测量的高差不符值应不超过 $\pm 30\sqrt{K}$

(K 是水准测量路线长,单位 km)mm;前后视距不等差应不大于 5 m,并注意不使其累积增大。进行水准测量时,一般应由附近已有的水准点接测,并注明何种基准面。如附近没有水准点,可以自行设立,并假定标高。在调查河段一般应设立固定的永久性水准点,以备日后校核及复测之用。

8.3.8.2 河道纵断面测量

河道纵断面测量可顺主流布置测点,测点间距视河道的纵坡变化急剧程度而定。底坡转折处必须有测点,在急滩、瀑布及水工建筑物的上下游应增加测点。在测河道纵坡的同时施测水面线,当两岸水位不等时,应同时测定两岸水位。如施测持续数日,水位有显著变动的,应设立临时水尺,读记各日水位,将各日所测水面线加以改正。

8.3.8.3 河道横断面测量

河道横断面测量方法及要求按《水文普通测量规范》有关规定进行。施测高程范围一般测至历年最高洪水位以上 0.2 ~ 2 m;两岸有堤防时,可测至堤防以外;在平原地区测量有困难时,可测至最高洪水位以上 0.5 m。

河道横断面测量数目应视推流方法不同而异。利用水位流量关系推流时,断面应与基本站断面一致;用比降面积法时,断面数不少于两个;用水面曲线法时,至少要有三个断面。断面绘制应标出名称(或编号)、测时水位、调查洪水位、河床组成、覆盖物的名称及分布。如断面有冲淤改正,应注明改正后的边界线及相应的洪水年份。

河道横断面的测量数目和位置可按以下要求选定:

(1)所取断面数目应能表达出断面面积及其形状沿河长的变化特性。平直整齐的河段可以少取,曲折或不均匀的河段应该多取,在洪水水面坡度转折的地方也要取一断面。断面间距一般在 100 ~ 500 m。

（2）断面应越近洪水痕迹越好。

（3）断面应垂直于洪水时期的平均流向。

在测量河道横断面时,应记录断面各部分的河床质的组成及粒径,河滩上植物生长情况（草、树木、农作物的疏密情况及其高度）,各种阻水建筑物的情况（地埂、石坝、土墙等）及有无串沟等情况,借以确定河槽及河滩糙率。

8.3.8.4 河道简易地形测量和摄影

（1）河道简易地形测量是为了确定河段长度及洪水时期水流情况,其范围应测至最高洪水位以上 0.5～1.0 m。施测内容包括:导线及永久水准点位置,施测期河流水边线,洪水痕迹及横断面位置,洪水淹没范围内的河滩简略地形,阻水建筑物（如房屋、堤坝、桥梁、树木等）、支流入口、险滩、急流、两岸村庄等的位置。测量方法及精度要求按《水文普通测量规范》有关规定进行。

（2）摄影工作应包括对明显洪水痕迹的位置、河槽及河滩覆盖情况、河道平面情况进行的拍摄。

拍摄洪水痕迹时,照相机视线应垂直于痕迹,平行于地面,并尽可能显示附近地物地貌。拍摄碑文、壁字时为使字迹清楚,可先涂以白粉或黑墨。拍摄水印时,可用手指点位置。

拍摄河床覆盖情况,照相机视线应与横断面垂直。为表示树木高矮、沙石大小,可用人体或测尺作为陪衬。

对河道形状、水流流势,须登高拍摄,以求全貌。

拍摄照片时,应记录所拍对象、地点、方向等,并加以简要说明。

8.3.9 洪峰流量推算

洪峰流量应根据洪痕点分布以及河段的水力特性等选用适当的推算方法。

8.3.9.1 水位—流量关系曲线延长法

当调查河段附近有水文站,其区间无较大支流加入而又有条件将调查洪痕移植到水文站断面时,可延长实测的水位—流量关系曲线来推算洪峰流量。但延长的幅度一般不应超过历史实测水位流量关系变幅的 30% ~40%,否则要用其他方法进行比较。

8.3.9.2 比降—面积法

当调查河段较集中、洪痕较多时,一般采用比降—面积法推算洪峰流量。

1. 匀直河段洪峰流量的推算

在匀直河段上,若干个断面的过水面积变化不大,可以忽略各断面流速水头的变化,将水面比降代入曼宁公式计算:

$$Q = \frac{1}{n}FR^{\frac{2}{3}}I^{\frac{1}{2}} = KI^{\frac{1}{2}}$$

$$K = \frac{1}{n}FR^{\frac{2}{3}}$$

式中 Q——洪峰流量,$\mathrm{m^3/s}$;

   F——过水断面面积,$\mathrm{m^2}$;

   R——水力半径,m,对于宽浅河道($B/H > 100$,B 为水面宽,H 为水深),水力半径 $R = \overline{H}$。河道断面面积、水力半径由实测断面资料确定;

   I——水面比降;

   n——河床糙率;

   K——输水率。

对于同一个河段,视两断面间水面为直线,如图 8-1 所示,则:

$$Q = \frac{1}{n}F_{\mathrm{m}}R_{\mathrm{m}}^{\frac{2}{3}}I^{\frac{1}{2}} = K_{\mathrm{m}}I^{\frac{1}{2}}$$

$$K_{\mathrm{m}} = \frac{1}{n}F_{\mathrm{m}}R_{\mathrm{m}}^{\frac{2}{3}}$$

$$F_m = \frac{F_S + F_X}{2}$$

$$R_m = \frac{R_S + R_X}{2}$$

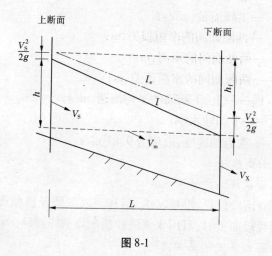

图 8-1

K_m 值也可以按下式计算:

$$K_m = \frac{K_S + K_X}{2}$$

式中　F_S、F_X、F_m——上、下断面及平均断面面积,m^2;

　　　R_S、R_X、R_m——上、下断面及平均水力半径,m;

　　　K_S、K_X、K_m——上、下断面及平均输水率。

2. 非匀直河段洪峰流量的推算

若河段各断面面积变化较大,则需考虑流速水头的变化,此时上述公式中的 I 值,应以比降 I_e 来代替,如图 8-1 所示。

$$I_e = \frac{h_f}{L} = \frac{h + \frac{V_S^2}{2g} - \frac{V_X^2}{2g}}{L}$$

$$Q = K_m I_e^{\frac{1}{2}} = K_m \sqrt{\frac{h + \dfrac{V_s^2}{2g} - \dfrac{V_x^2}{2g}}{L}}$$

式中　I_e——能坡比降；

$\quad\quad Q$——洪峰流量，$\mathrm{m^3/s}$；

$\quad\quad h_f$——两断面间的摩阻损失，m；

$\quad\quad L$——两断面间的距离，m；

$\quad\quad h$——两断面间的水面落差，m；

$\quad\quad V_s$、V_x——上、下断面的平均流速，m/s；

$\quad\quad K_m$——平均输水率；

$\quad\quad g$——重力加速度，取值为 9.81 $\mathrm{m/s^2}$。

3. 水面曲线法

1）水面曲线法的使用条件

当调查河段较长、洪痕又少、沿程河底坡降及横断面有变化、洪水水面线较曲折时，可用水面曲线法推算洪峰流量。

2）水面曲线法的基本原理

根据河道情况，分段选定糙率 n 值，假定一个洪峰流量，自下游已知的洪水位，向上游逐段推算水面线，若此水面线与大部分洪痕点吻合，则假定的洪峰流量即为推求值。

3）水面曲线法的计算步骤

（1）绘制洪痕点处的断面图，计算洪痕点以下过水断面面积 A 和水力半径 R，并绘制水位 Z 与面积 A 关系曲线。

（2）选定各断面处的河道糙率 n，计算 K（$K = \dfrac{1}{n} A R^{\frac{2}{3}}$），绘制 Z 与 K 关系曲线。

（3）计算平均水面比降，以代替河段平均河底比降，用 $Q = K I^{\frac{1}{2}}$ 计算各断面流量，以此作为假定洪峰流量初值。

（4）由下游断面起向上游推算水面线，水位按下式计算：

$$Z_\text{S} = Z_\text{X} + \frac{1}{2}\left(\frac{Q_\text{m}^2}{K_\text{S}^2} + \frac{Q_\text{m}^2}{K_\text{X}^2}\right)L - (1-\alpha)\left(\frac{V_\text{S}^2}{2g} - \frac{V_\text{X}^2}{2g}\right)$$

式中 Z_S、Z_X——上、下断面的水位,m;

Q_m——洪峰流量,m³/s;

V_S、V_X——上、下断面的平均流速,m/s;

g——重力加速度,取值为 9.81 m/s²;

α——断面扩散系数,若 $V_\text{S} < V_\text{X}$,$\alpha = 0$;若 $V_\text{S} > V_\text{X}$,$\alpha = 0.5$;

L 上、下断面间距,m。

假定上断面 V_S 和 K_S,即可求得上断面水位 Z_S,与原水面曲线水位比较,如不相符,则另行假定洪峰流量,重新计算,直至相符为止。

8.3.10 洪水总量推算

(1)邻近相似流域有实测资料时,可用水文比拟法推求洪水总量。

(2)无峰量关系时,可根据雨情和水情,判断洪水类型,估算洪水总量。

(3)通过调查和文献考证,若能绘出历史洪水水位过程线,并能建立水位流量关系,可推出流量过程,估算洪水总量。

(4)溃坝、决口、分洪滞洪洪水总量的估算。

①溃坝洪水总量估算:溃坝前有库容曲线、坝前水位和溃坝后水位,在库容曲线上查得相应库容之差,加上上游来水量,估算溃坝洪水总量。如无库容曲线,中型水库可用地形法、断面法等测算库容曲线,然后按上述方法估算溃坝洪水总量。

②决口洪水总量估算:有实测决口起讫时间和水位流量资料时,可用水位流量关系推算,然后累加各决口水量;无实测资料时,可调查淹没面积和水深,估算决口水量。

③分洪滞洪洪水总量估算:有实测资料时,用实测资料计算;

无实测资料时,可调查淹没面积和水深,估算洪水总量。

(5)固定点洪水总量估算可根据实测资料直接推求或根据峰量关系推求洪水总量。

8.4 沙量调查

8.4.1 沙量调查的形式及计算方法

沙量调查可采用抽样调查、访问、现场查勘等形式。

(1)当调查范围内坝库(淤地坝、水库)数量很多,可用抽样调查方法,以代表坝库的淤积量推算总体淤积量。代表坝库应选择来水来沙、淤积能力、坝库型式、管理运用方式都有一定代表性的坝库,抽样容量宜为 1/20～1/10。抽样调查时,应选择有关工程指标(如水库集水面积、淤地坝淤地面积)与淤积量建立关系,以推求坝库淤积总量。

(2)调查灌溉影响沙量,应与水量调查结合,以灌区为单元收集灌溉引水量、渠道退水量、灌溉期平均含沙量及其他灌溉参数,并了解灌区渠首、退水退沙与基本站相对位置情况。

灌溉引水对河道的影响沙量,只考虑引水渠首(包括自流、虹吸、提水)引沙量,并视不同情况采用相应的计算方法:

①有实测含沙量资料时,按实测资料计算。

②未进行含沙量观测时,借用渠首附近河道站在引水期的实测含沙量资料计算。

③无引水资料时,用灌溉毛用水量代替引水量计算。

④灌溉回归水及退入河道的渠道尾水,不计算其影响沙量。

(3)蓄水工程淤积量可收集实测资料(包括实测时间、测量方法)或对重要水库进行实地测算。

①断面法、地形法、混合法:适用于有特殊要求的大型水库。

②当有水库原始(建库时)库容曲线时,可用校正因数法和相应高程法;在水库淤积面纵比降小于5‰时,可应用平均淤积高程法。

③无原始库容曲线时可采用面积外延法。

④小(二)型水库及塘坝可用简易测算的概化公式法。

⑤设有进、出库悬移质含沙量观测的水库可用输沙率法。

以上各具体测算方法测算的淤积体积应换算为泥沙质量,淤积干容重应通过试验确定。

8.4.2 淤积测量的注意事项

淤积测量的注意事项如下:

(1)测量范围应为最低淤积面到最高淤积面的整个淤积区域。对淤积面与河床应判别区分,以免造成人为误差。

(2)库区平面和高程控制技术要求按《水文普通测量规范》有关规定执行。

(3)淤积测量断面数和等高线的条数,可通过精简分析确定,但不得少于7条。

(4)水土保持措施影响沙量,主要考虑淤地坝的拦沙量,其他措施拦沙效益较显著时,也应调查和计算。

(5)跨流域(调查区)引水影响沙量,应调查流至区外的沙量,即本区减少的沙量;对流入本区的沙量,应调查从外区流入本区而使本区增加的沙量。

(6)分洪、决口、溃坝影响沙量调查与计算。

①收集分洪、决口口门附近实测流量、沙量,滞洪区、滞水区淤积范围及平均淤积厚度,水库溃坝前后水库淤积与冲走的沙量等资料。

当滞洪区、滞水区淤积资料收集不到时,在滞洪区、滞水区均匀布设不少于20个测点,探测淤积厚度,取均值,将调查的水边线标绘于大比例尺地图上,用求积仪量取水面面积。

②影响沙量计算。

按分洪、决口附近实测流量、含沙量资料,根据其过程,通过水沙量平衡估算。

估算分洪、决口口门水量,借用上下游平均含沙量,估算分洪、决口沙量。

调查蓄洪区、涝水区泥沙平均淤积厚度、淤积面积及淤积泥沙干容重,估算沙量。

溃坝沙量为冲走的水库淤积量与坝体冲入下游量之和。

凡有跨流域(调查区)引水时,按跨流域(调查区)引沙处理。

(7)若工业、城市生活用水影响沙量较大,可直接引用管理单位沉沙清淤体积乘以淤积泥沙干容重。

8.4.3 调查报告的内容

调查报告应包括以下内容:

(1)各类引拦蓄泥沙工程的类型、特点、规模、分布,对河道泥沙的影响程度。

(2)抽样工程的选择及代表性。

(3)调查的组织、人员、时间、方法、经验和存在的问题等。

(4)附表:抽样代表工程一览表、沙量计算成果表。

(5)附图:各类调查工程分布及位置图。

宁夏石化成品油外输管道工程
水土保持监测实施方案

1 综合说明

1.1 主体工程概况及建设意义

1.1.1 主体工程概况

宁夏石化成品油外输管道工程线路途经宁夏、内蒙古两个自治区的 5 个市(盟)、11 个县(旗、区),管道工程自银川首站出站,总体向北偏东方向敷设,途经银川市西夏区、贺兰县,石嘴山市平罗县、大武口区、惠农区,乌海市乌达区,阿拉善盟阿拉善经济技术开发区、阿拉善左旗,巴彦淖尔市磴口县、杭锦后旗,最后到达巴彦淖尔市临河区的临河末站,管道全线总长 379.40 km,成品油外输管道设计任务输量 191 万 t/a,工程等级为大型一级。

宁夏石化成品油外输管道包括 1 条干线和 1 条支线,分别是银川—临河干线和石嘴山分输支线。输油管道银川—临河干线全长 372.70 km,石嘴山分输支线全长 6.70 km(与干线并行敷设)。

全线建设首站 1 座、分输站 2 座、末站 1 座、手动阀室 12 座、场站供电工程、道路工程以及配套通信设施等。主要由输油管道工程、输油站场阀室、道路工程、穿越工程和供电工程组成。

工程总占地面积 745.07 hm²,其中永久占地面积 60.25 hm²,临时占地面积 684.82 hm²;工程共计开挖土石方量 341.85 万 m³

（其中表土剥离 31.53 万 m³），回填量 341.85 万 m³，无借方，无弃方。

工程总投资 8.80 亿元，其中土建工程投资 1.61 亿元。项目资本金来源于中国石油天然气股份有限公司，资金的 30% 为企业自有资金，70% 为短期贷款。

工程计划于 2012 年 2 月进入施工准备期，2012 年 3 月开工，2012 年 10 月完工并进入试运行，工程施工建设期为 8 个月。

1.1.2 建设意义

成品油长输管道是国民经济的基础设施，为缓解宁夏石化成品油外运对铁路运输压力，消除成品油销售对铁路运输系统依赖性，以及保障宁夏石化 500 万 t/a 扩建工程的快速稳产和安全运行，中国石油天然气股份有限公司管道建设项目经理部拟建设宁夏石化成品油外输管道工程。本工程的建设将对加速宁夏银川、石嘴山，内蒙古乌海、巴彦淖尔等区域经济发展，拉动当地经济增长有着重要作用，同时工程的建设将从根本上解决宁夏石化产能扩建后的成品油外销问题。建设宁夏石化成品油外输管道工程可调整宁夏、内蒙古西部地区资源配置，科学安排产、运、销，为提升炼化企业及销售企业的市场竞争力等提供发展机遇，对解决宁夏、内蒙古地区成品油市场紧缺的燃眉之急和促进地方经济快速发展将具有重要意义。

1.2 水土流失防治责任范围

本项目水土流失防治责任范围为 1 145.30 hm²，其中建设区 745.07 hm²，直接影响区 400.23 hm²。

1.3 水土保持工程设计情况

2009 年 11 月，建设单位中国石油天然气股份有限公司管道建设项目经理部委托中国科学院水利部水土保持研究所编制《宁夏石化成品油外输管道工程水土保持方案报告书》。2011 年 10 月 17～18 日,水利部水土保持监测中心在宁夏银川市主持召开了《宁夏石化成品油外输管道工程水土保持方案报告书》技术评审会。参加会议的有水利部黄河水利委员会黄河上中游管理局,宁夏回族自治区水利厅、内蒙古自治区水利厅、银川市水务局、石嘴山市水务局、阿拉善盟水务局、乌海市水务局、巴彦淖尔市水务局,建设单位中国石油天然气股份有限公司管道建设项目经理部,主体工程设计单位西安长庆科技工程有限责任公司,报告书编制单位中国科学院水利部水土保持研究所等单位的代表以及 5 名水利部水土保持方案评审专家共 26 人。会议基本同意本项目《水土保持方案报告书》通过评审。编制单位经过修改和完善,于 2011 年 11 月完成《水土保持方案报告书》(报批稿)。目前,《水土保持方案报告书》(报批稿)正在待批阶段。

水土保持方案的设计深度与主体工程的设计深度保持一致,为可行性研究阶段的水土保持方案。

1.4 监测任务缘由及其实施组织

根据《中华人民共和国水土保持法》及《开发建设项目水土保持设施验收管理办法》,2011 年 11 月,建设单位中国石油天然气股份有限公司管道建设项目经理部,委托黄河水利委员会西峰水土保持科学试验站承担宁夏石化成品油外输管道工程的水土保持监测工作。接受委托后,黄河水利委员会西峰水土保持科学试验站抽调水土保持监测专业技术人员组成了项目组。项目组依据本工程《水土保持方案报告书》,结合外业调查,制订了《宁夏石化成品油外输管道工程水土保持监测实施方案》。

2 编制依据

2.1 法律法规依据

(1)《中华人民共和国水土保持法》；

(2)《中华人民共和国水法》；

(3)《中华人民共和国环境保护法》；

(4)《中华人民共和国环境影响评价法》；

(5)《中华人民共和国土地管理法》；

(6)《建设项目环境保护管理条例》(国务院令[1998]第253号)；

(7)《国务院关于加强水土保持工作的通知》(国发[1993]5号)；

(8)《宁夏回族自治区实施〈中华人民共和国水土保持法〉办法》。

2.2 规范性文件

(1)《开发建设项目水土保持方案管理办法》(水利部、国家计委、国家环保局水保[1994]513号)；

(2)《开发建设项目水土保持方案编报审批管理规定》(水利部,1995年第5号令)；

(3)《水土保持生态环境监测网络管理办法》(水利部,2000年第12号令)；

(4)《全国生态环境保护纲要》；

(5)《关于规范生产建设项目水土保持监测工作的意见》(水保[2009]187号)；

(6)《关于开发建设项目水土保持咨询服务费用计列的指导

意见》(水保监[2005]22号);

(7)宁夏回族自治区人民政府《关于划分水土流失重点防治区和限期退耕陡坡耕地的公告》;

(8)《宁夏回族自治区水土保持设施补偿费、水土流失防治费收缴、管理和使用规定》(宁价(费)发[1994]192号)。

2.3 技术标准依据

(1)《水土保持综合治理 技术规范》(GB/T 16453—2008);

(2)《水土保持综合治理 效益计算方法》(GB/T 15774—2008);

(3)《土壤侵蚀分类分级标准》(SL 190—2007);

(4)《开发建设项目水土流失防治标准》(GB 53434—2008);

(5)《开发建设项目水土保持方案技术规范》(GB 50433—2008);

(6)《水土保持监测技术规程》(SL 277—2002);

(7)《水利水电工程制图标准 水土保持图》(SL 73.6—2001)。

2.4 技术资料

(1)《应用遥感技术编制宁夏土壤侵蚀图研究报告》(宁夏水利科学研究所,1991年12月);

(2)《宁夏回族自治区近期水土保持重点工程总体规划(2009~2011年)》(宁夏回族自治区水利厅水土保持局,2009年12月);

(3)《内蒙古自治区水文手册》(内蒙古自治区水文局,内蒙古人民出版社,1977年6月);

(4)《内蒙古自治区土壤侵蚀遥感调查成果》(内蒙古自治区水利科学研究院);

(5)《黄河中上游地区开发建设项目新增水土流失预测研究》(黄河水利委员会晋陕蒙接壤区水土保持监督局,2004 年 7 月);

(6)《宁夏石化成品油外输管道工程水土保持方案》(报批稿)》(中国科学院水利部水土保持研究所,2011 年 11 月)。

2.5　技术服务合同

甲方(委托方):中国石油天然气股份有限公司管道建设项目经理部。

乙方(受托方):黄河水利委员会西峰水土保持科学试验站。

合同名称:《宁夏石化成品油外输管道工程水土保持监测委托合同》,2011 年 11 月。

3　项目及项目区概况

3.1　项目概况

3.1.1　工程规模与技术指标

3.1.1.1　工程规模

宁夏石化成品油外输管道工程线路途经宁夏、内蒙古两个自治区的 5 个市(盟)、11 个县(旗、区),管道工程自银川首站出站,总体向北偏东方向敷设,途经银川市西夏区、贺兰县,石嘴山市平罗县、大武口区、惠农区,乌海市乌达区,阿拉善盟阿拉善经济技术开发区、阿拉善左旗,巴彦淖尔市磴口县、杭锦后旗,最后到达巴彦淖尔市临河区的临河末站,管道全线总长 379.40 km,其中干线(银川—临河)总长 372.70 km,支线(石嘴山分输支线,与干线并行敷设)总长 6.70 km。

成品油外输管道工程设计输送 0#、−10#、−20#柴油和 93#汽油,设计任务输量 191 万 t/a。

全线建设首站 1 座、分输站 2 座、末站 1 座、手动阀室 12 座、场站供电工程、道路工程,以及配套通信设施等。其中银川首站在现有宁夏石化原油重整装置区内建设,临河末站在中石油东临河油库内建设,首站和末站油库依托现有已建成的油库,分输站只考虑给当地中石油销售油库交油,不自建油库。

3.1.1.2　主要技术指标

工程设计输油量为 191 万 t/a。银川首站—乌海分输站段设计压力 10 MPa,管径 φ273 mm;乌海分输站—临河末站设计压力 4 MPa,管径 φ219 mm。石嘴分输支线设计压力 2.5 MPa,管径 φ168 mm。全线设站场 4 座(银川首站、乌海分输站、石嘴山分输站、临河末站)。阀室 12 座(RTU 阀室 7 座,手动阀室 5 座)。定向钻穿越鱼塘 1 000 m/次,定向钻穿越总干渠 0.7 km/2 次,定向钻穿越中小型水渠 0.81 km/54 次,穿越公路和铁路共 56 次,穿越长度 5 240 m。穿越铁路顶箱涵 0.64 km/8 次,穿越高速公路顶管 0.54 km/6 次,穿越市政道路 0.18 km/2 次,穿越省道等级公路顶管 2 km/40 次。新建伴行路 71.40 km,施工道路 8.50 km。

工程总占地面积 745.07 hm^2,其中永久占地面积 60.25 hm^2,临时占地面积 684.82 hm^2;工程总计开挖土石方量 341.85 万 m^3(其中表土剥离 31.53 万 m^3),回填量 341.85 万 m^3,无借方,无弃方。

工程总投资 8.80 亿元,其中土建工程投资 1.61 亿元。

工程计划于 2012 年 2 月进入施工准备期,2012 年 3 月开工,2012 年 10 月完工并进入试运行,工程施工建设期为 8 个月。

线路地理位置及走向示意图如附图 3-1 所示。工程规模及主要技术指标如附表 3-1 所示。

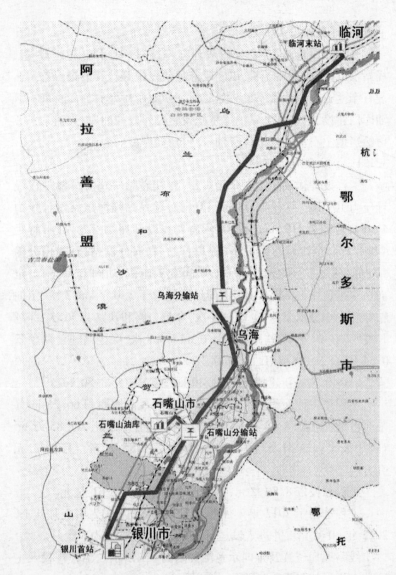

附图 3-1　线路地理位置及走向示意图

项目名称	宁夏石化成品油外输管道工程	建设地点	所在流域		黄河流域
			宁夏自治区银川市、石嘴山市，内蒙古自治区乌海市、阿拉善盟、巴彦淖尔市等。途经 2 自治区 5 市（盟）11 县（旗、区）		
建设单位	中国石油天然气股份有限公司管道建设项目经理部		建设性质		新建
报批总投资（亿元）	8.80		土建（亿元）		1.61
建设期	2012 年 3~10 月				

建设规模	项目等级	大型一级	设计压力（MPa）	10、4、2.5
	长度（km）	379.40	站场（座）	4
	主要设计管径（mm）	273	阀室（座）	12
	设计输油量（万 t/a）	191	作业带宽度（mm）	18

占地面积（hm²）				主要技术指标	
项目组成	合计	永久占地	临时占地	主要工程项目名称	主要指标
管道作业带区	668.38		668.38	总干渠定向钻穿越（km/次）	0.7/2
渠道鱼塘河流穿越区	3.20		3.20	定向钻中小型水渠穿越（km/次）	0.81/54
公路铁路穿越区	6.15		6.15	铁路顶箱涵穿越（km/次）	0.64/8
站场区	2.18	2.18		高速公路顶管穿越（km/次）	0.54/6
阀室区	0.93	0.93		省道等级公路顶管穿越（km/次）	2/40
道路工程区	60.95	57.12	3.83	市政道路穿越（km/次）	0.18/2
				站场（hm²/座）	2.18/4
				阀室（hm²/座）	0.59/12
供电工程区	3.28	0.02	3.26	施工道路工程（hm²/km）	3.83/8.50
合计	745.07	60.25	684.82	伴行路工程（hm²/km）	57.12/71.40

工程土方量（单位：万 m³）					
项目组成	挖方	填方	借方	弃方	其中表土
管道作业带区	243.88	243.88			22.72
渠道鱼塘河流穿越区	0.45	0.45			0.31
公路铁路穿越区	2.11	2.11			0.15
站场及阀室区	1.44	1.44			0.22
道路工程区	92.63	92.63			7.95
供电工程区	1.34	1.34			0.18
合计	341.85	341.85			31.53

3.1.1.3 各施工单元基本情况

1. 管道敷设施工作业带

为了满足管沟开挖和管道敷设大型机械施工的需要,根据同类工程施工经验和管沟开挖断面推算,本项目管道敷设作业带宽度按18 m计算,施工作业带一侧堆放开挖土方,另一侧放置施工机械和管道对焊设备。计算管道敷设施工作业带(扣除四桩及穿越工程单设施工场地面积)占地面积668.38 hm^2。

2. 施工场地

管道工程一般地段敷设施工速度快、占地面积小,本方案作业带按18 m考虑,施工作业及临时堆土均设置在作业带范围内进行,对一般地段敷设不另外设施工场地;管道穿跨工程均按单设施工场地考虑,根据管道施工工艺的不同,单个定向钻穿越施工场地占地面积80 m×(80~15) m,54次穿越占地面积为1.56 hm^2,大开挖按河道或渠道宽×作业宽(16 m)考虑,单个场地占地面积为1.60 hm^2,2次穿越占地面积3.20 hm^2。公路铁路穿越涉及三种施工方式:顶管法穿越高等级公路、顶箱涵法穿越干线铁路和大开挖法穿越县乡公路。其中,顶管穿越等级公路6次,顶箱涵穿越干线铁路8次,大开挖穿越县乡道路42次。顶管和顶箱涵穿越施工场地占地面积按14 m×20 m计,大开挖穿越占地面积按56 m×24.5 m计,公路铁路穿越施工场地总占地面积6.15 hm^2。

施工场地总占地面积10.89 hm^2。

3. 供电工程占地

本项目架空线路全长为10 km,供电工程临时占地主要考虑架空电杆堆放、开挖及临时堆土占地及临时施工道路等临时占地,结合同类工程经验估算供电工程临时占地面积为3.26 hm^2。

4. 施工道路

为保证工程施工设备、材料的临时运输,需设置临时施工便道,便道是在原有自然地面刮平压实后,填筑土路基道路,宽 4.5 m,总长度 8.5 km,占地面积 3.83 hm²。

5. 伴行路

根据可研报告资料和现场调查,本工程管道沿线共新修建伴行路 71.40 km,占地面积 57.12 hm²。新建伴行路包括两部分:

(1)苏海图—乌海市段:起点接乌海市苏海图地方土路处,沿线与管线伴行,终点接乌海市巴彦喜桂村砂石道路。全长约 21.30 km,占地面积 17.04 hm²。

(2)巴音套海嘎查—磴口县段:起点接内蒙古巴彦淖尔市巴音套海嘎查砂石路,沿线与管线伴行,终点接巴彦淖尔市磴口县王四圪堵土路,全长约 50.10 km,占地面积 40.08 hm²,按支线标准建设。

伴行路中位于黄河阶地及山前冲积扇区内长度为 9.60 km,位于阿拉善高平原风沙区长度为 61.80 km。

临时施工道路及伴行路布置情况见附表 3-2。

附表 3-2   临时施工道路及伴行路布置情况

序号	隶属	地方	县(旗、区)	新建道路(km)		
				伴行路	施工道路	施工便桥
1	宁夏回族自治区	银川市	西夏区			2.0
2						
3			贺兰县			4.0
4		石嘴山市	平罗县			6.0
5			惠农区			4.0
6			大武口区			2.0
小计						18.0

序号	隶属	地方	县(旗、区)	新建道路(km)		
				伴行路	施工道路	施工便桥
7	内蒙古自治区	乌海市	乌达区	9.60	1.50	
8		阿拉善盟	阿拉善经济开发区		3.50	
9			阿拉善左旗	52.20		
10		巴彦淖尔市	磴口县	9.60	3.50	1.0
11			杭锦后旗			1.0
12			临河区			4.0
小计				71.40	8.50	6.0
合计				71.40	8.50	24.0

6. 银川首站

银川首站站址位于银川市西夏区宁夏炼厂厂区中银输油末站站内,充分利用已建设施进行首站建设,该站为原石空—银川原油输油管道末站,是宁夏炼厂扩能改造前加工原油的来源之一。中银原油管道现即将停运,故中银管道末站的现有站场设施可为银川首站直接利用。本工程银川首站平面布置及改建方案充分考虑了原站场的预留空间。

拟建的银川首站占地面积为 $0.41\ hm^2$,其内为原中银输油末站。现主要包括外输泵区、综合办公区、计量间及变配电区等。根据已建站场现状,主体设计拟拆除化验室 1 座、污油池 1 座,此占地用于新建外输泵房及计量间($10.8\ m \times 27\ m$)1 座;需新建变频器室 1 间($8.1\ m \times 8.1\ m$)。此外,其他建筑物用地可通过原站场综合办公区内的房间整合实现(图略)。

7. 石嘴山分输站

石嘴山分输站位于石嘴山市平罗县高庄乡威镇八队,站外直接接乡级公路,无须新建进站道路。站址属于耕地,地势平坦。站址距离301省道约2.2 km。石嘴山分输站为五级站场,站内分为生产区、辅助生产区、食宿及办公区三部分。站址占地面积0.48 hm²(图略)。

8. 乌海分输站

乌海分输站位于乌达区大漠发电厂东侧1.5 km处,周边邻近沙漠疏林,有乡村道路相通,交通条件较好。此站址用地性质为其他草地。站外接乌达区内油路(215省道),距新建的海乌快速干道4.4 km,通过拟建的黄河大桥至海勃湾约14.4 km,距乌达区中心约5 km,本站无须新建进站道路。站址占地面积0.31 hm²(图略)。

乌海分输站为五级站场,本次与迁建的乌海油库实行合建。其中办公区、变配电等辅助生产设施均依托油库建设。乌海油库由内蒙古销售公司进行建设,不属于本工程范围,因此乌海分输站建设的水土流失防治责任范围由内蒙古销售公司承担。

9. 临河末站

临河末站站址拟于临河区建设南路中石油东临河油库内。临河末站站外邻近市区滨河路,距建设南路约1 km,距火车站约3.2 km,距临河区中心约1.1 km。站内分为办公区、生产区等。站内道路为混凝土路面,主要道路宽度6 m,次要道路宽度4 m。转弯半径为12 m,共计3 220 m。无须新建进站道路。站址占地面积0.98 hm²(图略)。

站场基本情况见附表3-3。

附表 3-3　站场基本情况

站名	距首站距离（km）	占地面积（hm²）	占地类型	位置	建筑物占地（hm²）	绿化面积（hm²）	地面高程（m）
银川首站		0.41	工业用地	银川市西夏区宁夏炼厂厂区	0.14	0.07	1 118.06
石嘴山分输站	102.5	0.48	耕地	石嘴山市平罗县高庄乡威镇八队	0.11	0.09	1 121.40
乌海分输站	194.3	0.31	其他草地	乌海市乌达区大漠发电厂东	0.08	0.04	1 137.60
临河末站	372.6	0.98	工业用地	临河区建设南路中石油东临河油库	0.36	0.13	1 039.87
合计		2.18			0.69	0.33	

10. 阀室、管道四桩及锚固墩

本管道共设阀室 12 座。其中，RTU 阀室 7 座（含高点检测阀室 1 座），手动阀室 5 座（含单向阀室 1 座）。一般阀设置考虑手动操作截断功能。RTU 阀室设置有线路阀室间、仪表通信间（太阳能阀室含蓄电池室）等。阀室的位置均选在交通便利、地势平坦且较高的地方，符合防洪标准。由于阀室占地面积小，且多数位于荒地或荒漠边缘，阀室所处地段标高均高出所在地面 0.5 m，阀室标高高于黄河 50 年一遇最大洪水水位。

为了确保管道安全，便于维护和管理，在输油管道沿线设置永久性地面标志，包括里程桩、转角桩、交叉标志桩和警示标志桩四桩。里程桩沿线路走向从起点至终点每隔 1 km 1 个，转角桩设置在沿管道中心线的转角处。初步估算，全线共设置管道四桩计 4 000 处。在管道进出站、大中型穿越两端、管道竖向坡度大且向上凸起段设置锚固墩 44 处。管道四桩及锚固墩共计占地面积 0.42 hm²，属永久占地。

3.1.2 工程占地面积

工程总占地面积 745.07 hm², 其中永久占地 60.25 hm², 临时占地 684.82 hm²。工程占地面积情况见附表 3-4。

3.1.3 土石方平衡及调配

工程主要土石方量来自管沟的开挖与回填。管道工程以沟埋方式敷设为主, 管顶覆土。宁夏地区管顶埋深 1.2 m、乌海地区管顶埋深 2.0 m、阿拉善地区管顶埋深 2.0 m、巴彦淖尔地区管顶埋深 1.5 m。岩石地段管顶覆土可减少至 0.8 m, 且管沟开挖须超挖 0.2 m, 管顶覆细土达 0.3 m 后再以原状土回填, 回填土均匀平摊在管道作业带上。在有细料的地区, 直接回填开挖细料。回填细土填料无须外借。

线路工程土石方依据各类施工工艺分段进行调配, 尽量做到各类施工工艺及各段土石方平衡。按照地貌单元及不同施工工艺分别进行平衡。工程共计开挖土石方 341.85 万 m³, 其中针对平原区开挖方考虑到后期绿化和临时占地植被恢复表土剥离 31.53 万 m³, 回填土石方 341.85 万 m³, 无借方, 无弃方。

3.1.3.1 管道作业带区

管道作业带主要在平原区和风沙区开挖, 开挖土石方进行就地挖填调配。施工结束后对作业带进行平整, 并恢复为原土地利用类型。根据各地区单位长度管道管沟截面积及所敷设管线长度计算, 本区共计开挖土石方 243.88 万 m³, 回填土石方 243.88 万 m³, 其中表土剥离 22.72 万 m³。

3.1.3.2 渠道鱼塘河流穿越区

本区共计开挖土石方 0.45 万 m³, 回填土石方 0.45 万 m³, 其中施工场地表土剥离 0.31 万 m³。

3.1.3.3 公路铁路穿越区

顶管采用套管内径 1 m, 顶箱涵采用混凝土箱涵, 箱涵规格为 3 m×3 m, 穿越铁路及等级公路产生的弃土就近平衡在两侧作业

附表3-4　工程占地面积情况

（单位：hm²）

水土流失类型区	行政隶属（省）	市	区县	管道作业带区	渠道鱼塘河流穿越区 鱼塘干渠河流穿越	渠道鱼塘河流穿越区 大开挖渠道河流穿越	渠道鱼塘河流穿越区 小计	公路铁路穿越区 等级公路铁路穿越	公路铁路穿越区 其他公路穿越	公路铁路穿越区 小计	道路工程区 施工道路	供电工程区	临时占地 合计	站场区	阀室及标志桩	道路 工程区伴行路	供电工程区	永久占地 合计	总计
黄河阶地及山前冲积剥蚀区	宁夏	银川	西夏区	79.01				0.14	0.76	0.90		0.76	80.67	0.41	0.04			0.45	81.12
	宁夏	银川	贺兰区	50.55				0.03	0.42	0.45			51.00		0.16			0.16	51.16
	宁夏	石嘴山	平罗县	80.16	0.52	0.82	1.34		0.86	0.86		1.70	84.06	0.48	0.05		0.01	0.54	84.60
	宁夏	石嘴山	惠农区	71.03				0.08	0.28	0.36			71.39		0.13			0.13	71.52
	宁夏	石嘴山	大武口区	5.58							0.68		6.26						6.26
	宁夏	小计		286.33	0.52	0.82	1.34	0.25	2.32	2.57	0.68	2.46	293.38	0.89	0.38		0.01	1.28	294.66
	内蒙古	乌海	乌海区	66.55					0.90	0.90		0.80	68.25	0.31	0.01	7.68	0.01	8.01	76.26
	内蒙古	巴彦淖尔	临河区	73.75	0.52	0.82	1.34		0.64	0.64			75.73	0.98	0.08			1.06	76.79
	内蒙古	小计		140.30	0.52	0.82	1.34		1.54	1.54		0.80	143.98	1.29	0.09	7.68	0.01	9.07	153.05
	小计			426.63	1.04	1.64	2.68	0.25	3.86	4.11	0.68	3.26	437.36	2.18	0.47	7.68	0.02	10.35	447.71
阿拉善高平原风沙区	内蒙古	阿拉善	阿拉善经济开发区	34.20							1.58		35.78						35.78
	内蒙古	阿拉善	阿拉善左旗	102.89				0.06	0.63	0.69			103.58		0.22	41.76		41.98	145.56
	内蒙古	阿拉善	小计	137.09				0.06	0.63	0.69	1.58		139.36		0.22	41.76		41.98	181.34
	内蒙古	巴彦淖尔	磴口县	87.28	0.52		0.52	0.06	0.74	0.80	1.57		90.17		0.23	7.68		7.91	98.08
	内蒙古	巴彦淖尔	杭锦后旗	17.38					0.55	0.55			17.93		0.01			0.01	17.94
	内蒙古	巴彦淖尔	小计	104.66	0.52		0.52	0.06	1.29	1.35	1.57		108.10		0.24	7.68		7.92	116.02
	小计			241.75	0.52		0.52	0.12	1.93	2.04	3.15		247.47		0.46	49.44		49.90	297.36
合计				668.38	1.56	1.64	3.20	0.37	5.78	6.15	3.83	3.26	684.82	2.18	0.93	57.12	0.02	60.25	745.07

带范围内；直接开挖方式穿越乡村道路基本上挖填平衡。开挖土石方 2.11 万 m³，回填土石方 2.11 万 m³，其中表土剥离 0.15 万 m³。

3.1.3.4 站场及阀室区

站场及阀室区基本上挖填平衡。共计开挖土石方 1.44 万 m³，回填土石方 1.44 万 m³，其中表土剥离 0.22 万 m³。

3.1.3.5 道路工程区

土石方来自道路工程边坡开挖、路基回填以及施工道路平整清理开挖和回填。经平衡计算，共计开挖土石方 92.63 万 m³，回填土石方 92.63 万 m³，其中表土剥离 7.95 万 m³。

3.1.3.6 供电工程区

土石方来自杆基及电缆埋设开挖、回填。经平衡计算，共计开挖土石方 1.34 万 m³，回填土石方 1.34 万 m³，其中表土剥离 0.18 万 m³。

工程土石方调配汇总见附表 3-5。

附表 3-5 工程土石方调配汇总 （单位：m³）

工程分区		分类	开挖土石方	回填土石方	调入		调出		外借		废弃	
					数量	来源	数量	去向	数量	来源	数量	去向
管道作业带区		土石方	2 211 689	2 211 689								
		表土	227 210	227 210								
渠道鱼塘河流穿越区	定向钻穿越	土石方	662	662								
		表土	3 110	3 110								
	直接沟埋法穿越	土石方	735	735								
		表土	0	0								
	小计	土石方	1 397	1 397								
		表土	3 110	3 110								

工程分区		分类	开挖土石方（m³）	回填土石方（m³）	调入		调出		外借		废弃	
					数量	来源	数量	去向	数量	来源	数量	去向
公路铁路穿越区	顶管、顶箱涵穿越	土石方	7 565	7 565								
		表土	750	750								
	沟埋法穿越	土石方	12 049	12 049								
		表土	720	720								
	小计	土石方	19 614	19 614								
		表土	1 470	1 470								
站场阀室区	站场	土石方	3 800	3 800								
		表土	981	981								
	阀室（含标志桩）	土石方	8 380	8 380								
		表土	1 199	1 199								
	小计	土石方	12 180	12 180								
		表土	2 180	2 180								
道路工程区		土石方	846 800	846 800								
		表土	79 460	79 460								
供电工程区		土石方	11 640	11 640								
		表土	1 770	1 770								
合计		土石方	3 103 320	3 103 320								
		表土	315 200	315 200								
		总计	3 418 520	3 418 520								

3.1.4 施工进度安排

工程计划自 2012 年 2 月进入施工准备期，2012 年 3 月开工建设，2012 年 10 月完工并进入试运行，工程施工建设期为 8 个月。

3.2 项目区概况

3.2.1 地形地貌

管道沿线所经区域的地形主要为黄河阶地、山前冲积扇区及沙漠地貌。其中石嘴山以南为黄河阶地,乌达区一带为山前冲积扇,乌达区以北主要为沙漠地貌。整个地形平整开阔,没有较大的起伏变化。

黄河阶地及山前冲积扇区基本地貌形态为平原地貌,黄河阶地包括银川—石嘴山段以及临河区。银川—平罗—惠农一带自西南向东北缓缓降低,坡降约 1/4 000,地势平坦,宽 40～50 km,海拔 1 100～1 200 m,第三、四系沉积物极为发育。银川—平罗一带第四系最大厚度 1 600 m。临河区地势平坦,南北宽 40～50 km,一般海拔 1 020～1 040 m,西高东低,坡降 1/3 000～1/5 000,南高北低,坡降 1/4 000～1/8 000,仅局部地方倾斜。山前冲积扇区主要为乌达区,主要由第四系洪冲积砂砾石、砂土组成,分布面积较大,呈长条状向南北延伸,地形微向黄河倾斜,近山前及沟口处倾角较大,部分沟口形成冲洪积扇。乌达区坡度 1°～8°,海拔 1 200 m 左右。

阿拉善高平原风沙区主要为沙漠地貌,地貌形态以流动沙丘为主,其余为半固定沙丘和平沙地,主要组成物质为第四系全新统风积粉细砂。

项目区地貌类型分布见附表 3-6。

各县区管道长度见附表 3-7。

附表 3-6　项目区地貌类型分布

水土保持类型区	行政隶属			线路长度(km)
黄河阶地及山前冲积扇区	宁夏	银川市	西夏区	44.6
			贺兰县	28.5
			小计	73.1
		石嘴山市	平罗县	46.8
			惠农区	39.7
			大武口区	3.1
			小计	89.6
		宁夏段小计		162.7
	内蒙古	乌海市	乌达区	37.8
		巴彦淖尔市	临河区	42.3
		内蒙古段小计		80.1
	合计			242.8
阿拉善高平原风沙区	内蒙古	阿拉善盟	阿拉善经济开发区	19.0
			阿拉善左旗	57.8
			小计	76.8
		巴彦淖尔市	磴口县	49.6
			杭锦后旗	10.2
			小计	59.8
	合计			136.6
总计				379.4

附表 3-7　各县区管道长度

序号	行政隶属	省地(市)	县(旗、区)	长度(km)		
				干线	支线	合计
1	宁夏回族自治区	银川市	西夏区	44.6		44.6
2			贺兰县	28.5		28.5
3		石嘴山市	平罗县	43.2	3.6	46.8
4			惠农区	39.7		39.7
5			大武口区		3.1	3.1
		小计		156.0	6.7	162.7
6	内蒙古自治区	乌海市	乌达区	37.8		37.8
7		阿拉善盟	阿拉善经济开发区	19.0		19.0
8			阿拉善左旗	57.8		57.8
9		巴彦淖尔市	磴口县	49.6		49.6
10			杭锦后旗	10.2		10.2
11			临河区	42.3		42.3
		小计		216.7		216.7
		合计		372.7	6.7	379.4

3.2.2　气象

　　银川市及其所属各县(市、区)属典型的中温带大陆性气候。主要气候特点是:四季分明,春迟夏短,秋早冬长,昼夜温差大,雨雪稀少,蒸发强烈,气候干燥,风大沙多等。年平均气温 8.5 ℃左右,年平均日照时数 2 800 ~ 3 000 h,年平均降水量 186 mm 左右,无霜期 185 d 左右。

　　石嘴山市是典型的温带大陆性气候,全年日照充足,降水集中,蒸发强烈,空气干燥,温差较大,无霜期短。夏热而短促,春暖而多风,秋凉而短早,冬寒而漫长。年平均气温 8.4 ~ 9.9 ℃。年最低平均气温 - 19.4 ~ - 23.2 ℃,年最高平均气温 32.4 ~ 36.1 ℃。年平均降水量的地理分布较为均匀,全市年平均降水量在 167 ~ 188 mm。年蒸发量在 1 708 ~ 2 512 mm,是降水量的 10 ~ 14 倍。

乌海市地处大陆深处,属于典型的大陆性气候,其气候特征是冬季少雪,春季干旱,夏季炎热高温,秋季气温剧降。春秋季短,冬夏季长,昼夜温差大,日照时间长,可见光照资源丰富。多年平均气温 9.6 ℃,极端最高气温 40.2 ℃,极端最低气温 - 36.6 ℃,多年平均日照时间数为 3 138.6 h,年平均接受太阳辐射能 155.8 kcal/cm² (1 kcal = 4.186 8 kJ),平均无霜期为 156 ~ 165 d;历年平均降水量 159 mm,平均相对湿度 42%,平均蒸发量 3 289 mm;年平均风速 2.9 m/s,瞬间最大风速 33 m/s。

阿拉善盟地处亚洲大陆腹地,为内陆高原,远离海洋,周围群山环抱,形成典型的大陆性气候。干旱少雨,风大沙多,冬寒夏热,四季气候特征明显,昼夜温差大。年均气温 6.0 ~ 8.5 ℃,1 月平均气温 - 9 ~ 14 ℃,极端最低气温 - 36.4 ℃;7 月平均气温 22 ~ 26.4 ℃,极端最高气温 41.7 ℃。年平均无霜期 130 ~ 165 d。由于受东南季风影响,雨季多集中在 7、8、9 月。降雨量从东南部的 200 多 mm 向西北部递减至 40 mm 以下,多年平均降水量 132 mm;而蒸发量则由东南部的 2 400 mm 向西北部递增至 4 200 mm。年日照时数达 2 600 ~ 3 500 h,年太阳总辐射量 147 ~ 165 kcal/cm²。多西北风,平均风速 2.9 ~ 5.0 m/s,年均风日 70 d 左右。

巴彦淖尔市属中温带大陆性气候,光照充足,热量丰富;降水量少,蒸发量大,风大沙多,无霜期短;温差大,四季分明。年平均气温 3.7 ~ 7.6 ℃,一年之中,1 月温度最低,平均为 - 11 ~ 15 ℃;7 月气温最高,平均为 20 ~ 24 ℃。气温年较差为 33.4 ~ 37.3 ℃,气温日较差平均为 13~14 ℃。年平均日照时数为 3 110~3 300 h，平均无霜期为 126 d。平均降水量 139 mm。雨量多集中于夏季的 7、8 月，约占全年降水量的 60%。极端降水量为 432.6 mm。地处西风带，风速较大，风期较长，年平均风速 2.5~3.4 m/s，年最大风速 18~40 m/s。

项目区主要气象资料统计见附表 3-8。

附表 3-8　项目区主要气象资料统计

气象要素		阿拉善盟	乌达区	磴口县	杭锦后旗	临河区
风速 (m/s)	平均风速	2.9	4.6	2.8	2.5	2.6
	最大风速	23	28.7	19	19	20
	最大风向	EFE	F	FS	NE	SFS
地面温度 (℃)	平均	8.5	9.3	7.1	7.6	6.8
	极端最高	41.7	41.0	38.2	38.2	6.8
	极端最低	−36.4	−28.0	−34.2	−41.0	−36.8
日照时数(h)		3 098.6	3 222.8	3 181	3 208.9	3 202.7
大风日数(d)		17.3	32	14.2	24.3	7.5
雷暴日数(d)		18.7	18.3	21.8	22.8	17.7
霜日数(d)		41.5	27.2	48.8	68.3	73.8
最大积雪深度(cm)		17	12	12	17	18
年平均降水量(mm)		132	168	148	171	138
年平均蒸发量(mm)		2 400	3 490	2 505	2 420	2 400
冻土深度(cm)	标准冻深	87.6	87.6	0	0	0
	最大冻深	123	163	108	127	131

3.2.3 水文

项目区属黄河流域,涉及水系主要是黄河、巴彦淖尔总干渠、地下水等。

3.2.3.1 银川市

银川市境内地表水属黄河水系,除黄河外,主要由引黄灌溉渠道水、排水沟水及大小湖泊水组成。引黄灌溉渠道,从西向东有西干渠、新开渠、良田渠、唐徕渠、汉延渠、惠农渠、民生渠等。这些渠道的水流方向基本同地形倾斜方向一致,从西南入境,向东北方向流去,最后注入黄河。主要排水沟,从西向东有四二干沟、三一支沟、银新干沟、第四排水沟、第二排水沟、三支沟、永二干沟等。排水沟走向主要为北东向,次为东西向,排水方向是由西南向东北方向排泄,或由西向东排泄,最后均排入黄河。

3.2.3.2 石嘴山市

石嘴山市境内地表水由黄河干流,黄河一级支流都思兔河、水洞沟、贺兰山山地沟谷,黄河引水排水渠系、平原低地集水湖沼等组成,绝大多数水属黄河过境水。黄河自南而北在石嘴山市境内长 146 km,处于银川平原低洼地段,大部属宽浅沙质摆动性河床,纵剖面坡降为 1/60 000 左右,1956 ~ 1979 年多年平均径流量为301 亿 m^3,1980 ~ 1986 年为 313 亿 m^3。多年实测平均流量为 998 m^3/s,流速为 1.2 ~ 3.3 m/s。洪水期出现在 7 ~ 9 月,多年平均最大流量为 3 570 m^3/s,实测最大洪峰流量为 6 230 m^3/s;枯水期一般在每年的 4 月下旬至 6 月上旬,有时可涉水过河。

贺兰山北部地带发育一系列近似平行的西北—东南向沟谷,源头深入贺兰山中山地区,集水面积覆盖整个东坡,主要沟谷有大水沟、汝箕沟、小水沟、大风沟、大武口沟、红果子沟等。

石嘴山境内湖泊主要分布在冲积平原低洼地段,是引黄渠系及贺兰山沟谷流水补给类型,大部分已辟为鱼塘。沙湖因湖南部有沙丘而得名,位于平罗县境内前进农场区,面积 726 hm^2,平均水深为 4 m,最大深度可达 7 m。明水湖位于平罗县明水湖农场,积水面积 60 hm^2。

3.2.3.3 阿拉善盟

黄河流经阿拉善左旗的乌素图、巴彦木仁苏木,在境内流程达 85 km,年入境流量 300 亿 m^3。额济纳河是盟内唯一的季节性内陆河流,发源于祁连山北麓,流至巴彦宝格德水闸分二支。西为木仁高勒(西河),注入嘎顺淖尔(也称西居延海);东为鄂木讷高勒(东河),下游分数支,注入苏泊淖尔(也称东居延海)、京斯田淖尔(又称古居延海、天鹅湖)和沙日淖尔。额济纳河在阿拉善盟境内流程 200 km,年流量 10 亿 m^3。贺兰山、雅布赖山、龙首山等山区许多冲沟中一般有潜水,有些出露成泉。在三大沙漠中分布有大小不等的湖盆 500 多个,面积约 1.1 万 km^2,其中草地湖盆面积 1.07 万 km^2,集水湖面积 400 km^2。这里绿草如茵,湖水荡漾,被称为沙漠中的绿洲,是良好的牧场。

3.2.3.4 乌海市

乌海市地表径流全部属黄河水系。多年平均径流量 662.8 万 m^3,由降水产生的地表水,除部分被植物吸收外,大部分被泄洪沟排入黄河,如千里沟、摩尔沟、苏白沟、卡布其沟、乌尔图沟、石门沟、哈布其干沟、雀儿沟、苏海图沟、梁家沟等 16 条汇洪沟,均属黄河一级支流。大部分泄洪沟在桌子山、甘德尔山、千里山、五虎山。泄洪沟流域总面积 2 363.3 万 km^2。多年平均径流量 354.35 万 m^3。最长的沟 65 km,最短的沟 6.5 km。大部分泄洪沟只有在夏季降雨时才有水,平时断流,个别沟谷有泉水出露,但流量很小。

3.2.3.5 巴彦淖尔市

巴彦淖尔市境内的河流众多,以阴山山脉为分水岭划分为两大水系,山脉南侧为黄河水系,北侧为内陆河水系,管线经过区域属黄河水系。黄河在巴彦淖尔市境内干流长 345 km,水面积 226.40 km^2,多年平均过境水径流量 315 亿 m^3,境内流域面积 3.4

万 km²。入境后,坡度变小,水流平稳,河道落淤,浅滩弯道迭出,平面摆动较大,虽地处中游,却具下游河床特征。平水期一般水面宽 400~1 800 m,水深 2~6 m,流速 0.8~1.8 m/s。

由于降水少而蒸发量大,区间支流补给的水量极少,黄河来水由于灌溉用水,下游比上游水量小。黄河一年有两个汛期,即伏汛和凌汛。

本工程管道采用定向钻穿越的巴彦淖尔总干渠,即黄河三盛公灌溉工程北岸输水总干渠,设计总干渠从三盛公起,至包头以东的大城西止,长 334.5 km,设计分水枢纽 10 座,山洪交叉工程 17处。总干渠进水闸 9 孔,净宽 10 m×9 m,设计引水流量 565 m³/s,实际最大流量 506 m³/s,实际灌溉面积 35.90 万 hm²,灌溉后套、三湖河、萨拉齐、大黑河四个灌区的土地,并提供包钢工业用水,工业用水 13 m³/s。渠首至包头可通航 277 km,全线可利用 2.5 m 的水位落差,建立水电站 6 座。总干渠设四级公路,堤顶路宽 10 m。

3.2.3.6 地下水

黄河阶地孔隙水:含水层以粉砂、粉土为主,水位埋深 1.5~5.0 m;沙漠风积沙孔隙水:主要分布在沙漠地貌单元,含水层以粉砂、细砂为主,水位埋深较浅,一般小于 10.0 m;基岩裂隙水:分布在桌子山西、南麓丘陵地貌,埋深一般大于 10 m。

3.2.4 土壤植被

项目区土壤主要为灰褐土、山地灰钙土、灰漠土、风沙土、灌淤土等。

项目区植被以温带灌木半灌木荒漠植被、温带丛生禾草草原、温带丛生矮禾草矮灌木草原和温带落叶灌丛植被为主,植被主要是落叶阔叶灌丛、沙生植被、草甸、盐生植被等。项目区植被覆盖率为 8%~10%。项目区推荐线路位于宁夏自治区内的平罗县有沙湖风景区和星海湖湿地保护区,管道工程均对两处植被较好的地段进行了避让,距离保护区较远,项目全线建设范围未涉及保护区、自然风景区和水源地。

项目区农作物为一年一熟粮作,耐寒经济作物。主要农作物有小麦、玉米、水稻、油菜、棉花等。

3.2.5 水土流失现状及“三区”划分

3.2.5.1 区域水土流失现状

项目建设区分别位于宁夏回族自治区和内蒙古自治区,水土流失类型为风蚀、水蚀侵蚀区,以风蚀为主,其中黄河阶地及山前冲积扇区属于水力侵蚀区中的西北黄土高原区的宁夏中北部干旱区水力侵蚀区,阿拉善高平原风沙区属于风力侵蚀区中的三北戈壁沙漠与沙地风沙区中的内蒙古高原草原中度风蚀区。

依据《宁夏回族自治区 2009 ~ 2011 年水土保持重点工程建设规划》,本项目涉及区域属于宁夏中北部干旱区,该区为黄河阶地由西向东并转而向北镶嵌于宁夏北部,地势平坦,沃野万顷,南部位于毛乌素沙地和腾格里沙漠边缘,低矮的平梁与宽阔谷地相交错,起伏微缓,天然植物主要是旱生草类和低矮灌木丛。水土流失以风力侵蚀为主,兼有水力侵蚀,侵蚀强度以轻度、中度为主,土壤侵蚀模数为 2 300 t/(km² · a)。水土流失主要特点:一是该区域气候干旱、地形平缓、植被稀疏、风大沙多,自然环境非常恶劣;二是由于长期干旱,居住和生存环境差,所以人口稀少,大部分人口密度小于 50 人/km²,治理难度大;三是区内能源工业较为发达,是人类的活动集中区,人为造成的水土流失较为严重。

根据《内蒙古自治区水土保持监测公报(2008、2009)》资料,项目区所经过的阿拉善高平原风沙区属于内蒙古高原草原中度风蚀区,区内植被覆盖度低,干旱多风,土壤贫瘠,草地沙化严重。水土流失以风蚀为主,水蚀微弱,侵蚀强度为强烈侵蚀,土壤侵蚀模数为 5 000 t/(km² · a)。水土流失特点:一是风力侵蚀时间长,风力侵蚀时间从 11 月开始一直延续到翌年 5 月;二是风蚀严重,项目区内春秋季风多风大,在风力的作用下,地面物质以吹蚀、流沙移动的方式,使地面形成风蚀洼地、风蚀槽穴、风蚀残墩,造成流沙延伸,掩埋农田;三是人为造成水土流失严重,由于人口的不断增长,沙区过度垦荒、种植及草场过牧的现象尤其突出,加之位于能源区,开发建设活动频繁,扰动破坏地表,使新增水土流失急剧增加。

根据宁夏回族自治区和内蒙古自治区水利厅水保部门提供的最新遥感调查资料统计分析,黄河阶地及山前冲积扇区侵蚀强度以微度、轻度为主,阿拉善高平原风沙区侵蚀强度以强烈为主。

3.2.5.2 项目区土壤侵蚀模数

项目区总面积为 745.07 hm^2,水土流失面积 745.07 hm^2,其中微度侵蚀面积 258.24 hm^2,轻度侵蚀面积 112.76 hm^2,中度侵蚀面积 132.34 hm^2,强度侵蚀面积 88.44 hm^2,极强度侵蚀面积 92.39 hm^2,剧烈侵蚀面积 60.90 hm^2。

根据宁夏回族自治区 2009~2011 年水土保持重点工程建设规划、宁夏回族自治区水土保持区划、内蒙古自治区水土保持区划、内蒙古自治区水土保持监测公告(2009 年)、宁夏回族自治区水土保持监测公告(2009 年)及土壤侵蚀等值线图和《全国第二次土壤侵蚀普查》成果,结合工程所在区域的地形地貌、土壤植被状况和现场调查分析,结合现场调查,综合确定项目区黄河阶地及山前冲积扇区水力侵蚀模数为 400 t/(km^2·a),风力侵蚀模数为 1 000~1 500 t/(km^2·a),阿拉善高平原风沙区水力侵蚀模数为 200 t/(km^2·a),风力侵蚀模数为 6 000~6 500 t/(km^2·a);黄土高原区土壤侵蚀容许值为 1 000 t/(km^2·a)。

项目区涉及宁夏回族自治区及内蒙古自治区,根据国家及两自治区水土流失"三区"公告,项目区水土流失重点防治分区见附表 3-9。

附表 3-9　项目区"三区"划分

国家级水土流失重点防治区			省级水土流失重点防治区		
重点预防保护区	重点监督区	重点治理区	重点预防保护区	重点监督区	重点治理区
无	无	无	贺兰县、平罗县	乌达区、惠农区	磴口区、杭锦后旗、阿拉善左旗、西夏区、临河区

3.2.6　社会经济概况

工程跨涉银川的西夏区、贺兰县,石嘴山市的平罗县、大武口区、惠农区,乌海市的乌达区,阿拉善盟阿拉善经济技术开发区、阿拉善左旗,巴彦淖尔市的磴口县、杭锦后旗、临河区。近年来,宁夏回族自治区经济稳步增长,其发展速度均高于国内 GDP 发展速度,处于快速增长水平,内蒙古自治区 GDP 增幅已连续 7 年保持全国领先。管道沿线所经市县工业基础较好,以煤矿业为主,银川市西夏区、贺兰县,石嘴山市平罗县经济较为发达,社会依托条件相对较好;石嘴山市惠农区、阿拉善经济技术开发区工业发达,以煤电企业为主,电力、交通、通信等基础设施条件较好;乌海市乌达区、阿拉善左旗以畜牧业为主,经济欠发达,社会经济条件较差。巴彦淖尔市农业经济发达。根据宁夏回族自治区、内蒙自治区 2010 年统计年鉴资料,项目区社会经济情况见附表 3-10。

3.3　水土流失防治措施体系

3.3.1　预测结果

工程建设损坏原地貌面积 745.07 hm²,损坏水土保持设施的类型为耕地、果园、疏林地、荒草地、交通用地、覆盖大于 5% 沙地等类型,共计 709.25 hm²。

工程共开挖土石方量 341.85 万 m³,其中表土剥离 31.53 万 m³,回填量 341.85 万 m³,无弃渣。

附表 3-10　项目区社会经济情况

城市	县(市、区)	人口数量(万人)	工业总产值(亿元)	农业总产值(亿元)	粮食总产量(万t)	总土地面积(km²)	总耕地面积(万hm²)	人均耕地(hm²/人)	GDP(亿元)	农民人均纯收入(元/年)
银川市	西夏区	12.3	32.1	9.5	13.5	263	0.63	0.051	123	5 332
	贺兰县	20.4	65	16	22.6	1 600	4.00	0.196	103.6	5 549
石嘴山市	平罗县	29	9.82	32.9	32.12	2 086.13	4.17	0.144	86	5 430
	惠农区	23	55.72	3.31	6.35	1 254	1.84	0.080	86.1	5 564
乌海市	乌达区	13	70	5.12	4.3	198	0.48	0.037	97	7 610
阿拉善盟	阿拉善左旗	14	81.6	43.2	13.32	80 412	8.04	0.574	82.85	6 276
巴彦淖尔市	磴口县	12	53.57	7.12	9.75	4 167	1.67	0.139	25.2	6 784
	杭锦后旗	30	39.7	20.9	2.74	1 767	0.25	0.008	84.6	8 786
	临河区	55	69.3	40.25	58.05	2 345	5.86	0.107	152.4	8 335

工程建设水土流失总量31.28万t,原地貌水土流失量9.44万t,新增水土流失量21.84万t。

3.3.2 水土流失防治责任范围

本项目水土流失防治责任范围为1 145.30 hm²,其中项目建设区745.07 hm²,直接影响区400.23 hm²。水土流失防治责任范围见附表3-11、附表3-12。

附表3-11 水土流失防治责任范围(按工程单元划分)

(单位:hm²)

项目区		防治责任范围		
		项目建设区	直接影响区	合计
管道作业带区		668.38	206.34	874.72
渠道鱼塘河流穿越区	定向钻穿越	1.56	6.20	7.76
	直接大开挖穿越	1.64	3.72	5.36
	小计	3.20	9.92	13.12
公路铁路穿越区	等级公路铁路穿越	0.37	0.92	1.29
	其他公路穿越	5.78	2.62	8.40
	小计	6.15	3.54	9.69
站场及阀室区	站场区	2.18	0.62	2.80
	阀室及标志桩	0.93	0.27	1.20
	小计	3.11	0.89	4.00
道路工程区		60.95	177.69	238.64
供电工程区		3.28	1.40	4.68
拆迁房屋、专项设施改建区			0.45	0.45
合计		745.07	400.23	1 145.30

附表 3-12　水土流失防治责任范围(按行政区划分)

（单位:hm²）

行政隶属			防治责任范围		
			项目建设区	直接影响区	合计
宁夏	银川市	西夏区	81.12	20.01	101.13
		金凤区	11.25	2.50	13.75
		贺兰县	39.91	9.52	49.43
	石嘴山市	平罗县	84.60	23.29	107.89
		惠农区	71.52	16.40	87.92
		大武口区	6.26	3.21	9.47
	小计		294.66	74.93	369.59
内蒙古	乌海市	乌达区	76.26	39.60	115.86
	阿拉善盟	阿拉善经济开发区	35.78	19.79	55.57
		阿拉善左旗	145.55	168.92	314.47
	巴彦淖尔市	磴口县	98.08	68.21	166.29
		杭锦后旗	17.94	8.70	26.64
		临河区	76.80	20.08	96.88
	小计		450.41	325.30	775.71
合计			745.07	400.23	1 145.30

3.3.3 水土流失防治目标

项目区内无国家级重点预防保护区、重点监督区和重点治理区,项目区沿线所经的省级重点预防保护区(贺兰县、平罗县)执行建设类一级标准,所经其他县(旗、区)为省级重点监督区和重点治理区的执行建设类二级标准。本项目水土流失防治标准与防治目标执行建设类一级标准。

本项目水土流失防治目标见附表3-13。

附表 3-13　水土流失防治目标

时段	扰动土地整治率(%)	水土流失总治理度(%)	土壤流失控制比	拦渣率(%)	林草植被恢复率(%)	林草覆盖率(%)
施工期	*	*	0.7	95	*	*
试运行期	95	90	0.8	95	92	20

注:"＊"指不定目标。

3.3.4 水土保持措施布局及工程量

管道沿平地敷设时,以土地整治,恢复草地、林地和耕地等措施为主,原占用耕地的进行土地复垦;管道通过山丘区爬坡时,采用挡渣墙、护坡等工程措施,并结合管道支墩修建成阶梯状(爬坡)石坎梯地,并布设排水设施;管道工程完成后对临时占地进行土地整治和林草种植。采用临时措施、工程措施及植物措施进行综合防治。工程措施以护坡、挡土墙、排水沟、土地复垦、恢复田坎及农地排水等措施为主,植物措施以种草为主。

各防治区水土保持防治措施体系见附表3-14、附表3-15。水土保持措施数量见附表3-16。

附表 3-14　黄河阶地及山前冲积扇区水土保持防治措施体系

一级分区	二级分区	综合治理措施			
		工程措施	植物措施	临时措施	
黄河阶地及山前冲积扇区	管道作业带区	挡土墙、干砌石护坡、排水沟、农地排水沟、土地复垦	种草	排水沟、覆盖、编织袋挡土墙、表土剥离、沉沙池、洒水	
	渠道鱼塘河流穿越区	挡土墙、干砌石护岸、泥浆池、沉沙池、蓄水池、土地整治	种草	排水沟、覆盖、编织袋挡土墙、表土剥离、沉沙池	
	公路铁路穿越区	排水沟、沉沙池、土地整治	种草	排水沟、覆盖、编织袋挡土墙、表土剥离、沉沙池、洒水	
	道路工程区	截(排)水沟、土地整治	种树、种草	排水沟、覆盖、编织袋挡土墙、表土剥离、沉沙池、洒水	
	站场阀室区	截(排)水沟、沉沙池、砾石压盖、土地整治	种草	覆盖、表土剥离	

附表 3-15　阿拉善高平原风沙区水土保持防治措施体系

一级分区	二级分区	综合治理措施		
		工程措施	植物措施	临时措施
阿拉善高平原风沙区	管道作业带区	草方格沙障、高立式沙障、土地整治	种草	覆盖、临时沉沙池、编织袋挡土墙、洒水
	渠道鱼塘河流穿越区	泥浆池、水池、土地整治	种草	临时排水沟、覆盖、临时沉沙池、编织袋挡土墙、洒水
	公路铁路穿越区	截(排)水沟、土地整治	种草	覆盖、临时沉沙池、编织袋挡土墙、洒水
	道路工程区	草方格沙障、高立式沙障、土地整治	种草	临时排水沟、覆盖、临时沉沙池、编织袋挡土墙、洒水
	站场阀室区	砾石压盖	种草	砾石覆盖

附表 3-16　水土保持措施数量

序号	项目名称	工程量											
		合计	西夏区	贺兰县	平罗县	惠农区	大武口区	乌达区	阿拉善经济开发区	阿拉善左旗	磴口县	杭锦后旗	临河区
一	黄河阶地及山前冲积扇区												
	第一部分　工程措施												
(一)	管道作业带区												
1	浆砌石挡墙(m³)	9 399.00				1 880.00		7 519.00					
2	干砌石护坡(m³)	965.00				193.00		772.00					
3	浆砌石排水沟(m³)	5 185.00	960.00	615.00	974.00	863.00	68.00	809.00					896.00
4	土地复垦(hm²)	171.31	47.39	7.88	52.67	26.79	5.58						31.00
5	土地整治(hm²)	255.32	31.62	42.67	27.49	44.24	0	66.55					42.75
6	农地排水沟(m³)	5 926.00	1 639.00	273.00	1 822.00	927.00	193.00						1 072.00
7	田坎浆砌块石(m³)	984.00	272.00	45.00	303.00	154.00	32.00						178.00
(二)	渠道鱼塘河流穿越区												
1	干砌石护坡(m³)	69.00			34.50								34.50
2	浆砌块石挡墙(m³)	1 691.88			845.94								845.94
3	土地整治(hm²)	1.34			0.67								0.67
4	沉沙池浆砌石(m³)	5.00			2.50								2.50
5	砖砌泥浆池(m³)	140.00			70.00								70.00

续附表 3-16

序号	项目名称	工程量											
		合计	西夏区	贺兰县	平罗县	惠农区	大武口区	乌达区	阿拉善经济开发区	阿拉善左旗	磴口县	杭锦后旗	临河区
6	砖砌蓄水池(m³)	140.00			70.00								70.00
(三)	公路铁路穿跨区												
1	浆砌石排水沟(m³)	209.00	46.00	23.00	44.00	18.00		46.00					32.00
2	土地整治(hm²)	0.75	0.16	0.08	0.16	0.07		0.16					0.12
(四)	道路工程区												
1	浆砌石排水沟(m³)	1 261.00					102.00	1 159.00					
2	土地整治(hm²)	0.68					0.05	0.63					
(五)	站场阀室区												
1	浆砌石排水沟(m³)	1 468.00	276.00		323.00			209.00					660.00
2	土地整治(hm²)	0.33			0.33								
3	砌石压盖(m³)	1 409.00	131.00	463.00	143.00	388.00		39.00					245.00
(六)	供电工程区												
1	土地整治(hm²)	1.26	0.76		0.40			0.10					
二	阿拉善高平原风沙区												
(一)	管道作业带区												
1	草方格沙障(hm²)	334.24							71.31	210.26	52.67		

续附表 3-16

序号	项目名称	合计	西夏区	贺兰县	平罗县	惠农区	大武口区	乌达区	阿拉善经济开发区	阿拉善左旗	磴口县	杭锦后旗	临河区
							工程量						
2	高立式沙障(hm²)	30.00							12.00	18.00			
3	土地整治(hm²)	241.75							34.20	102.89	87.28	17.38	
(二)	渠道鱼塘河流穿越区												
1	土地整治(hm²)	0.52									0.52		
2	砖砌泥浆水池(m³)	70.00									70.00		
3	砖砌蓄水池(m³)	70.00									70.00		
(三)	公路铁路穿越区												
1	浆砌石截水沟(m³)	91.80								30.90	35.90	25.00	
(四)	道路工程区												
1	草方格沙障(hm²)	25.08							0.75	19.92	4.41		
2	高立式沙障(hm²)	12.00								12.00			
3	土地整治(hm²)	0.74							0.02	0.59	0.13		
(五)	站场阀室区												
1	砾石压盖(m³)	1 401.00								662.00	714.00	25.00	
第二部分　植物措施													
一	黄河阶地及山前冲积扇区												

续附表 3-16

序号	项目名称	工程量											
		合计	西夏区	贺兰县	平罗县	惠农区	大武口区	乌达区	阿拉善经济开发区	阿拉善左旗	磴口县	杭锦后旗	临河区
(一)	管道作业带区												
1	撒播种草（hm²）	255.32	31.62	42.67	27.49	44.24		66.55					42.75
(二)	渠道鱼塘河流穿越区												
1	撒播种草（hm²）	1.34			0.67								0.67
(三)	公路铁路路穿越区												
1	撒播种草（hm²）	0.75	0.16	0.08	0.16	0.07		0.16					0.12
(四)	道路工程区												
1	撒播种草（hm²）	0.68					0.05	0.63					
2	栽植云杉（株）	12 800.00					1 034.00	11 766.00					
3	栽植樟子松（株）	12 800.00					1 034.00	11 766.00					
(五)	站场阀室区												
1	撒播种草（hm²）	0.33			0.33								
2	栽植樟子松（株）	347.00			347.00								
(六)	供电工程区												
1	撒播种草（hm²）	1.26	0.76		0.40			0.10					
二	阿拉善高平原风沙区												

续附表 3-16

序号	项目名称	合计	西夏区	贺兰县	平罗县	惠农区	大武口区	乌达区	阿拉善经济开发区	阿拉善左旗	磴口县	杭锦后旗	临河区
							工程量						
(一)	管道作业带区												
1	撒播种草 (hm²)	241.67							34.20	102.89	87.20	17.38	
2	草方格种草 (hm²)	334.24							71.31	210.26	52.67		
(二)	渠道鱼塘河流穿越区												
1	撒播种草 (hm²)	0.52									0.52		
(三)	公路铁路穿越区												
1	撒播种草 (hm²)	0.62								0.21	0.24	0.17	
(四)	道路工程区												
1	撒播种草 (hm²)	3.89							0.12	3.09	0.68		
2	草方格种草 (hm²)	25.08							0.75	19.92	4.41		
				第三部分　临时措施									
一	黄河滩地及山前冲积扇区												
(一)	管道作业带区												
1	苫布苫盖 (m²)	57 620.00	10 671.00	6 827.0	10 826.00	9 593.00	754.00	8 988.00					9 961
2	编织袋挡土墙 (m³)	5 454.00	1 010.00	646.00	1 025.00	908.00	71.00	851.00					943.00
3	表土剥离 (hm²)	75.73	25.83	8.98	14.23	12.61	0.99						13.09

续附表 3-16

序号	项目名称	工程量											
		合计	西夏区	贺兰县	平罗县	惠农区	大武口区	乌达区	阿拉善经济开发区	阿拉善左旗	磴口县	杭锦后旗	临河区
4	人工挖排水沟（m³）	1 502.00	278.00	178.00	282.00	250.00	20.00	234.00					260.00
4	砖砌沉沙池（m³）	18.00	3.00	2.00	4.00	3.00		3.00					3.00
（二）	渠道鱼塘河流穿越区												
1	苫布苫盖（m²）	605.00			302.50								302.50
2	编织袋挡土墙（m³）	150.00			75.00								75.00
3	表土剥离（hm²）	1.04			0.52								0.52
4	人工挖排水沟（m³）	58.00			29.00								29.00
5	砖砌沉沙池（m³）	1.50			0.75								0.75
（三）	公路铁路穿越区												
1	苫布苫盖（m²）	1 168.00	256.00	128.00	244.00	102.00		256.00					182.00
2	编织袋挡土墙（m³）	72.00	16.00	8.00	15.00	6.00		16.00					11.00
3	表土剥离（hm²）	0.49	0.11	0.05	0.10	0.04		0.11					0.08
4	人工挖排水沟（m³）	182.00	40.00	20.00	38.00	16.00		40.00					28.00
5	砖砌沉沙池（m³）	6.00	1.31	0.66	1.26	0.53		1.31					0.93
（四）	站场阀室区												
1	苫布苫盖（m²）	1 040.00	195.60		228.99			147.89					467.52
2	编织袋挡土墙（m³）	20.50	20.50										
3	表土剥离（hm²）	0.14	0.14										

续附表 3-16

序号	项目名称	工程量											
		合计	西夏区	贺兰县	平罗县	惠农区	大武口区	乌达区	阿拉善经济济开发区	阿拉善左旗	磴口县	杭锦后旗	临河区
4	人工挖排水沟（m³）	39.50	39.50										1.35
5	砖砌沉沙池（m³）	3.00	0.56		0.66			0.43					
(五)	道路工程区												
1	苫布苫盖（m²）	50 346.00					4 067	46 279					
2	编织袋挡土墙（m³）	1 859.00					150.0	1 709.0					
3	表土剥离（hm²）	25.82					2.09	23.73					
4	人工挖排水沟（m³）	2 240.00					181.00	2 059.00					
5	砖砌沉沙池（m³）	12.00					1.00	11.00					
(六)	供电工程区												
1	表土剥离（hm²）	0.59	0.14		0.31			0.14					
2	苫布苫盖（m²）	925.00	216.00		482.00			227.00					
二	阿拉善高平原风沙区												
(一)	管道作业带区												
1	苫布苫盖（m²）	64 324.00							9 099.80	27 376.60	23 223.20	4 624.40	
2	人工挖排水沟（m³）	825.00							116.70	351.10	297.90	59.30	
3	砖砌沉沙池（m³）	12.50							1.80	5.30	4.50	0.90	
4	编织袋挡土墙（m³）	4 500.00							636.60	1 915.20	1 624.70	323.50	
(二)	渠道鱼塘河流穿越区												

续附表 3-16

序号	项目名称	工程量											
		合计	西夏区	贺兰县	平罗县	惠农区	大武口区	乌达区	阿拉善经济开发区	阿拉善左旗	磴口县	杭锦后旗	临河区
1	苫布苫盖（m²）	118.00									118.00		
2	表土剥离（m²）												
3	人工挖排水沟（m³）	27.00									27.00		
4	砖砌沉沙池（m³）	0.50									0.50		
5	编织袋挡土墙（m³）	75.00									75.00		
（三）	公路铁路穿越区												
1	苫布苫盖（m²）	1 566.00								527.20	612.40	426.40	
3	人工挖排水沟（m³）	101.00								34.00	39.50	27.50	
4	砖砌沉沙池（m³）	2.00								0.70	0.80	0.50	
5	编织袋挡土墙（m³）	300.00								101.00	117.30	81.70	
（四）	站场阀室区												
1	苫布苫盖（m²）	612.90								289.70	312.50	10.70	
（五）	道路工程区												
1	苫布苫盖（m²）	20 040.00							600.20	15 913.10	3 526.70		
2	人工挖排水沟（m³）	2 625.80							78.60	2 085.10	462.10		
3	砖砌沉沙池（m³）	8.00							0.20	6.40	1.40		
4	编织袋挡土墙（m³）	1 000.00							29.90	794.10	176.00		

4 水土保持监测布局

4.1 监测目标及监测意义

以批复的《水土保持方案报告书》为依据,通过各项监测项目实现扰动土地整治率、水土流失总治理度、土壤流失控制比、拦渣率、林草植被恢复率、林草覆盖率等 6 项目标的计算,评价工程建设水土保持效果。

开展水土保持监测对于贯彻我国《水土保持法》,搞好水土保持预防监督工作具有十分重要的意义。本项目水土保持监测的意义主要有以下几个方面:

(1)监测水土流失动态,协助建设单位落实水土保持方案。

从保护水土资源和维护良好生态环境的角度出发,对项目建设过程水土保持防治责任范围内水土流失的数量、强度、成因和影响范围进行动态监测,掌握建设过程中的水土流失动态变化,分析项目存在的水土流失问题和隐患,及时采取防控措施,或通过政府监督及时加以控制,最大限度地减少因工程建设造成的水土流失。

(2)监测水土保持措施数量及其防治效果,优化水土保持设计。

通过对各项水土保持措施的实施数量、进度,以及防治效果的动态监测,及时发现水土保持措施实施和运行过程中的问题,不断完善和改进水土保持措施,保证水土保持设施的类型、数量和质量符合工程实际,并能够发挥持续稳定的水土保持作用。

(3)提供水土保持监督管理技术依据和公众监督基础信息。

通过水土保持动态监测,科学、客观地分析评价工程建设实施情况、各项防治措施的落实情况,为水行政主管部门的监督管理提供技术依据,促使工程建设的顺利进行和项目区生态环境的有效保护。

4.2　监测分区

根据以上监测内容,经过现场踏勘,本项目分黄河阶地区(水蚀区)、阿拉善荒漠戈壁区(水蚀、风蚀交错区)、阿拉善高平原风沙区(风蚀区)3 个水土流失监测区进行监测点布设。

为便于监测各个工程区水土流失情况,对各监测区进行监测单元划分,监测单元与工程施工单元一致。依据工程建设内容,各监测区的监测单元划分如下。

(1)黄河阶地水蚀区:作业带工程区、站场工程区、阀室工程区、穿越工程区(含河流穿越、高速公路穿越及等级公路穿越)。

(2)阿拉善水蚀、风蚀交错区:作业带工程区、伴行路工程区、穿越工程区(含河流穿越、高速公路穿越及等级公路穿越)。

(3)阿拉善高平原风蚀区:作业带工程区、站场工程区、阀室工程区、伴行路工程区。

4.3　监测项目

依据水土保持方案,本工程监测项目如下。

(1)项目区生态环境变化监测。

监测内容包括:原地表地形地貌、土壤、植被、水文气象等自然因子;工程建设扰动面积、土石方挖填数量,以及列入水土保持方案的各类水土保持措施的实施进度。

(2)项目区水土流失动态状况监测。

监测内容包括各类工程区扰动过程及植被恢复期的土壤流失量。

(3)水土保持措施数量及防治效果监测。

监测内容包括水土保持措施类型、数量和质量。工程措施监测长度、防治面积、完好程度及适宜性;植物措施监测种植面积、成活率、保存率、生长情况及覆盖率。

4.4 监测方法

扰动面积、土石方量及水土流失量采用定点监测,以点推全部;水土保持措施数量及其防治效果采取调查监测(普查)。

4.5 监测点布设

4.5.1 黄河阶地水蚀区
4.5.1.1 作业带工程区

黄河阶地水蚀区作业带占地类型为耕地和荒地。位于耕地内的管道敷设完成后,恢复耕种,扰动频繁,无条件布设监测点。位于荒地内的管道敷设完成后,人类活动较少,具备布设固定监测点条件。考虑到管道敷设完成后地表有一定的自然沉陷阶段,选择径流小区监测法。

根据数理统计原理,该区域布设 3 个监测点,地点分别为 AA070(宁夏西夏区境内)、AB008(宁夏贺兰县境内)、ZBB001(宁夏平罗县境内),同时各布置一个对照小区。

监测小区布置:在作业带一侧,矩形布置,长度方向与作业带一致,取 20 m,宽度方向与作业带垂直,取 5 m。小区周边用 40 cm×40 cm×6 cm 混凝土预制块作围沿,出口由集流槽导入接流池,接流池用砖衬砌。

小区设计图详见附图1(略)。

4.5.1.2 站场工程区

站场工程区内有 2 处站场——银川首站和石嘴山分输站。银川首站位于银川市西夏区宁夏炼厂厂区中银输油站内,为宁夏炼厂前期预留用地,站址一侧为中银输油站,另外三侧分别为文昌南路、铁路和围墙,无布设条件,也无监测必要。石嘴山分输站在前期踏勘中获悉,该站在初步设计阶段改为分输阀室,与 ZBB001 处于同一位置,不再重复布设监测点。

4.5.1.3 阀室工程区

阀室工程区共有阀室 5 座,选择 3 座阀室作为定点调查监测点。

4.5.1.4 穿越工程区

在穿越工程区布设 3 处固定调查监测点,地点分别为:AA016 + 100(银八高速)、AA016 + 300(银八高速附近无名河流)、AA016 + 500(省道 102)。

黄河阶地水蚀区共布设固定监测点 9 处,其中水蚀监测小区 3 处,调查监测点 6 处。

4.5.2 阿拉善水蚀、风蚀交错区

4.5.2.1 作业带工程区

水蚀监测采用径流小区法。小区直接布置在作业带上,布置方法同前。共布设 3 处,地点为 BB036(惠农区)、CA023(内蒙古阿拉善经济开发区)、乌达区。

风蚀监测采用插钎法,由于作业带有自然沉降作用,钢钎不宜直接布置在作业带上,为获取监测数据,在作业带两侧选择坡向、风向相同的地段人为扰动后布设钢钎。每个风蚀监测小区面积为 2 m×2 m,9 根钢钎。

风蚀监测小区与水蚀监测小区布置在同一位置,并分别布置对照监测点。

风蚀监测小区设计见附图 2(略)。

4.5.2.2 伴行路工程区

伴行路工程区由于工程竣工后的日常检修维护,扰动频繁,且由于在该地貌类型区,地表扰动与深层扰动对地表土壤结构的影响基本相同,因而作业带土壤流失程度基本上可以代表伴行路,故不布设固定监测点,以巡视调查获取伴行路的各个监测数据。

4.5.2.3 穿越工程区

穿越工程区布设 3 个固定调查监测点,地点为 CA023(乌海—古兰泰镇铁路)、CA006(乌石高速)、CA016(省道 216)。

本监测分区共布设固定监测点 7 处,其中水蚀监测小区 2 处、风蚀监测小区 2 处,调查监测点 3 处。

4.5.3 阿拉善高平原风蚀区

4.5.3.1 作业带工程区

采用插钎法监测风蚀量。在作业带一侧选择坡度、风向相同的地段人为扰动后布设钢钎。每个风蚀监测小区面积 2 m × 2 m,9 根钢钎。同时,布设对照监测小区。全段共布设风蚀监测小区 3 处,地点为 EA027(内蒙古磴口县)、CA056(内蒙古磴口县)、DA034(内蒙古乌达区)。

4.5.3.2 站场工程区

站场工程区内有临河末站。该站位于中石油东临河油库内,邻近市区滨河路,由于所处位置特殊,故不布设固定监测点。

4.5.3.3 阀室工程区

阀室工程区共有阀室 8 座,选择 3 座作为固定调查监测点。

4.5.3.4 伴行路工程区

伴行路工程区不布设固定监测点,以巡视调查获取伴行路的各个监测数据。原因同前。

本监测分区共布设固定监测点 6 处,其中风蚀监测小区 3 处,固定调查监测点 3 处。

监测点布设明细详见附表4-1。

4.6 监测时段及监测频次

4.6.1 监测时段

本工程监测时段分工程建设期和植被恢复期,共计 21 个月。其中工程建设期 8 个月(2012 年 3 ~ 10 月),植被恢复期 12 个月

附表 4-1　监测点布设明细

监测分区	监测单元	水蚀监测小区				风蚀监测小区				调查监测点		
		序号	位置	规格（m×m）	数量（个）	序号	位置	规格（m×m）	数量（个）	序号	位置	数量（个）
黄河阶地水蚀区	作业带工程区	1	AA070（西夏区）	5×20	3							
		2	AB008（贺兰县）	5×20	3							
		3	ZBB001（平罗县）	5×20	3							
	阀室工程区									1	待定	1
										2	待定	1
										3	待定	1
	穿越工程区									1	AA016＋100（银八高速）	1
										2	AA016＋300（银八高速附近无名河流）	1
										3	AA016＋500（省道102）	1
	小计	3			9					6		6

续附表 4-1

监测分区	监测单元	水蚀监测小区				风蚀监测小区				调查监测点		
		序号	位置	规格(m×m)	数量(个)	序号	位置	规格(m×m)	数量(个)	序号	位置	数量(个)
阿拉善水蚀、风蚀交错区	作业带工程区	1	BB036(惠农区)	5×20	3	1	BB036(惠农区)	2×2	3			
		2	CA023(阿拉善经济开发区)	5×20	3	2	CA023(阿拉善经济开发区)	2×2	3			
		3	乌达区	5×20	3	3	乌达区	2×2	3	1	CA023(乌素铁路)	1
	穿越工程区									2	CA006(乌石高速)	1
										3	CA016(省道216)	1
	小计	3			9	3			9	3		3
阿拉善高原风蚀区	作业带工程区					1	E.A027(磴口县)	2×2	3			
						2	CA056(磴口县)	2×2	3			
						3	DA034(乌达区)	2×2	3	1	待定	1
	阀室工程区									2	待定	1
										3	待定	1
	小计					3			9	3		3
合计		6			18	6			18	12		12

（2012 年 11 月~2013 年 11 月）。

4.6.2 监测频次

扰动面积、土石方挖填量 1 个月监测记录 1 次,正在实施的水土保持措施建设情况 10 天监测记录 1 次,土壤流失量及植物措施生长情况 3 个月监测记录 1 次。暴雨、大风情况下加测,水土流失灾害事件发生后 1 周内完成监测并报告。

4.7 工作进度安排

2011 年 11 月 23 日签订委托合同,2012 年 2 月组建监测工作项目组,收集项目及项目区相关资料,并开展现场踏勘选点工作。2012 年 3 月中旬完成本监测细则,2012 年 3 月下旬向各级水行政主管部门及业主报送本监测细则,并赴现场进行监测点布设,进入正常监测程序。

5 监测内容和方法

5.1 扰动面积及土石方数量监测

5.1.1 作业带工程区

5.1.1.1 扰动面积

对各监测分区取得的施工作业带宽度进行算术平均后,乘以各监测分区作业带长度,计算出各监测分区施工作业带扰动面积;将各监测分区施工作业带扰动面积进行累加,得出作业带工程区总扰动面积,作业带工程区总扰动面积由式(1)计算:

$$F_{带} = F_{带(水蚀区)} + F_{带(水蚀、风蚀交错区)} + F_{带(风蚀区)} \qquad (1)$$

式中 $F_{带}$ ——作业带工程区总扰动面积;

$F_{带(水蚀区)}$ ——水蚀监测区作业带扰动面积;

$F_{带(水蚀、风蚀交错区)}$ ——水蚀、风蚀交错监测区作业带扰动面积;

$F_{带(风蚀区)}$——风蚀监测区作业带扰动面积。

各个监测分区面积由式(2)计算:

$$F_{带i} = B_i \times L_{带i} \qquad (2)$$

式中 B_i——各监测分区作业带平均扰动宽度,由皮尺测量获取;

$L_{带i}$——各监测分区作业带长度,从工程监理单位获取。

5.1.1.2 挖填土石方量

对各监测分区管沟断面进行量测,计算单位断面挖填土石方量,进行算术平均后,乘以各监测分区作业带长度,得出各监测分区挖填土石方数量。将各监测分区的挖填土石方数量进行累加,得出作业带工程区挖填土石方总量。作业带工程区挖填土石方总量由式(3)计算:

$$S_{带} = S_{带(水蚀区)} + S_{带(水蚀、风蚀交错区)} + S_{带(风蚀区)} \qquad (3)$$

式中 $S_{带}$——作业带工程区挖填土石方总量;

$S_{带(水蚀区)}$——水蚀监测区作业带挖填土石方量;

$S_{带(水蚀、风蚀交错区)}$——水蚀、风蚀交错监测区作业带挖填土石方量;

$S_{带(风蚀区)}$——风蚀监测区作业带挖填土石方量。

各个监测分区挖填土石方量由式(4)计算:

$$S_{带i} = m_{带i} \times L_{带i} \qquad (4)$$

式中 $m_{带i}$——各监测分区作业带平均挖填土石方量;

$L_{带i}$——各监测分区作业带长度,从工程监理单位获取。

各监测分区作业带平均挖填土石方量由式(5)计算:

$$m_{带i} = (B_i + b_i) \times h_i/2 \qquad (5)$$

式中 B_i——各监测点管沟口宽,由皮尺测量获取;

b_i——各监测点管沟底宽,由皮尺测量获取;

h_i——各监测点管沟深度,由皮尺测量获取。

5.1.2 阀室工程区

阀室工程全线共设置阀室 12 座,其中水蚀监测区 5 座,风蚀

监测区 7 座。在水蚀监测区和风蚀监测区各布设定点监测 3 处,
共计 6 处,以 6 处监测点的监测资料推算 12 座阀室的扰动面积和
挖填土石方量。

5.1.2.1　扰动面积

　　对各监测分区的监测数据进行算术平均,算出各监测分区阀
室工程平均扰动面积,乘以本监测分区阀室数量,得到各个监测分
区阀室工程扰动面积。将各个监测分区阀室工程扰动面积进行累
加,得到阀室工程区扰动总面积。阀室工程区扰动总面积由
式(6)计算:

$$F_{阀} = F_{阀(水蚀区)} + F_{阀(风蚀区)} \tag{6}$$

式中　$F_{阀}$——阀室工程区扰动总面积;

　　　　$F_{阀(水蚀区)}$——水蚀监测区阀室工程扰动面积;

　　　　$F_{阀(风蚀区)}$——风蚀监测区阀室工程扰动面积。

　　各个监测分区阀室工程扰动面积由式(7)计算:

$$F_{阀i} = (F_{阀1} + F_{阀2} + F_{阀3})/3 \times n \tag{7}$$

式中　$F_{阀i}$——各监测分区阀室工程平均扰动面积;

　　　　$F_{阀1}$、$F_{阀1}$、$F_{阀3}$——三个监测点阀室扰动面积,由皮尺量测
　　　　　　　　　　　获取;

　　　　n——各监测分区阀室数量。

5.1.2.2　挖填土石方量

　　对各监测分区的监测数据进行算术平均,算出各监测分区阀
室工程平均挖填土石方量,乘以本监测分区阀室数量,得到各个监
测分区阀室工程挖填土石方量。将各个监测分区阀室工程挖填土
石方量进行累加,得到阀室工程区挖填土石方总量。阀室工程区
挖填土石方总量由式(8)计算:

$$S_{阀} = S_{阀(水蚀区)} + S_{阀(风蚀区)} \tag{8}$$

式中　$S_{阀}$——阀室工程区挖填土石方总量;

　　　　$S_{阀(水蚀区)}$——水蚀监测区阀室工程挖填土石方量;

$S_{阀(风蚀区)}$——风蚀监测区阀室工程挖填土石方量。

各个监测分区阀室工程挖填土石方量由式(9)计算:

$$S_{阀i} = (S_{阀1} + S_{阀2} + S_{阀3})/3 \times n \qquad (9)$$

式中 $S_{阀i}$——各监测分区阀室工程挖填土石方量;

$S_{阀1}$、$S_{阀1}$、$S_{阀3}$——三个监测点阀室工程挖填土石方量,以阀室基础深度和阀室占地面积计算,阀室基础深度在施工图上量算。若室外有场平活动,在此基础上加上场平土石方量。场平土石方量用皮尺测量开挖填筑深度、宽度和长度等尺寸,然后经计算得到。

5.1.3 穿越工程区

穿越工程有大小渠道穿越 56 次,公路穿越 42 次,铁路穿越 8 次,穿越方式有定向钻穿越和顶管穿越,分布于黄河阶地水蚀区和阿拉善水蚀、风蚀交错区。本监测按不同工程类型和穿越方式,在各监测分区布设监测点 3 处,总计 6 处。以 6 处监测点的监测资料推算穿越工程区扰动面积和挖填土石方量。

5.1.3.1 扰动面积

穿越工程区扰动总面积由式(10)计算:

$$F_{穿} = F_{穿(水蚀区)} + F_{穿(水蚀、风蚀交错区)} \qquad (10)$$

式中 $F_{穿}$——穿越工程区扰动总面积;

$F_{穿(水蚀区)}$——水蚀监测区穿越工程扰动面积;

$F_{穿(水蚀、风蚀交错区)}$——水蚀、风蚀交错监测区穿越工程扰动面积。

各个监测分区穿越工程平均扰动面积由式(11)计算:

$$F_{穿i} = (F_{穿1} + F_{穿2} + F_{穿3})/3 \times n \qquad (11)$$

式中 $F_{穿i}$——各监测分区穿越工程平均扰动面积;

$F_{穿1}$、$F_{穿2}$、$F_{穿3}$——三个监测点穿越工程扰动面积,由皮尺量测获取;

n——各监测分区穿越工程数量。

5.1.3.2 挖填土石方量

穿越工程区挖填土石方总量由式(12)计算：

$$S_\text{穿} = S_\text{穿(水蚀区)} + S_\text{穿(水蚀、风蚀交错区)} \tag{12}$$

式中 $S_\text{穿}$——穿越工程区挖填土石方总量；

$S_\text{穿(水蚀区)}$——水蚀监测区穿越工程挖填土石方量；

$S_\text{穿(水蚀、风蚀交错区)}$——水蚀、风蚀监测区穿越工程挖填土石方量。

各个监测分区穿越工程挖填土石方量由式(13)计算：

$$S_{\text{穿}i} = (S_\text{穿1} + S_\text{穿2} + S_\text{穿3})/3 \times n \tag{13}$$

式中 $S_{\text{穿}i}$——各监测分区穿越工程挖填土石方量；

$S_\text{穿1}$、$S_\text{穿1}$、$S_\text{穿3}$——三个监测点穿越工程挖填土石方量，由皮尺测量穿越施工场地开挖深度、长度和宽度，计算挖填土石方量。

5.1.4 伴行路工程区

伴行路工程区分布在阿拉善平原水蚀、风蚀交错监测区，阿拉善平原风蚀监测区。由于伴行路扰动频繁，不具备布设固定监测点的条件，本监测细则确定采用调查监测。调查监测的方法是在进行作业带监测点监测的同时，对监测点附近伴行路宽度进行测量。伴行路调查点数与作业带监测点数相同，即水蚀、风蚀交错监测区2处，风蚀监测点2处。以调查取得的数据推算伴行路扰动面积。

5.1.4.1 扰动面积

伴行路扰动面积由式(14)计算：

$$F_\text{伴} = F_\text{伴(水蚀、风蚀交错区)} + F_\text{伴(风蚀区)} \tag{14}$$

式中 $F_\text{伴}$——伴行路工程区扰动总面积；

$F_\text{伴(水蚀、风蚀交错区)}$——水蚀、风蚀交错监测区伴行路扰动面积；

$F_\text{伴(风蚀区)}$——风蚀监测区伴行路扰动面积。

各个监测分区面积由式(15)计算：

$$F_{伴i} = B_i \times L_{伴i} \qquad (15)$$

式中　B_i——各监测分区伴行路平均扰动宽度，由皮尺测量获取；

　　　$L_{伴i}$——各监测分区伴行路长度，从工程监理单位获取。

5.1.4.2　挖填土石方量

本工程伴行路沿线地势平坦，较大规模的土石方挖填较少，对个别地段局部挖填土石方量，采取巡查的方法逐个记录，累加得出伴行路挖填土石方量。伴行路挖填土石方量由式(16)计算：

$$S_{伴} = \sum_i^n S \qquad (16)$$

式中　S——各调查点挖填土石方量；

　　　n——调查点数量。

5.2　土壤流失量监测

5.2.1　作业带工程区

5.2.1.1　作业带工程区土壤流失总量

本监测细则在作业带工程区布设土壤流失固定监测点9处，其中黄河阶地水力侵蚀监测区3个，阿拉善平原水蚀、风蚀交错监测区4个，阿拉善平原风蚀监测区2个，以各监测分区土壤流失量监测数据推算作业带工程区土壤流失总量。

作业带工程区土壤流失总量由式(17)计算：

$$W_{带} = W_{带(水蚀区)} + W_{带(水蚀、风蚀交错区)} + W_{带(风蚀区)} \qquad (17)$$

式中　$W_{带}$——作业带工程区土壤流失总量；

　　　$W_{带(水蚀区)}$——水蚀监测区作业带土壤流失量；

　　　$W_{带(水蚀、风蚀交错区)}$——水蚀、风蚀交错监测区作业带土壤流失量；

　　　$W_{带(风蚀区)}$——风蚀监测区作业带土壤流失量。

各个监测分区土壤流失量 $W_{带i}$ 由式(18)计算：

$$W_{带i} = r_{带i} \times L_{带i} \qquad (18)$$

式中 $r_{带i}$——各监测分区作业带土壤平均流失量;

$\quad\quad L_{带i}$——各监测分区作业带长度,从工程监理单位获取。

各监测分区作业带土壤平均流失量 $r_{带i}$ 由式(19)计算:

$$r_{带i} = \sum_{i}^{n} r/n \quad\quad (19)$$

式中 r——各监测点土壤流失量;

$\quad\quad n$——监测点个数。

5.2.1.2　土壤流失量

本监测细则在水力侵蚀监测区布设土壤侵蚀固定监测小区 3 处,在水力、风力交错监测区布设水力侵蚀固定监测点 2 处,每个小区长 20 m,宽 5 m,面积为 100 m²。小区内的降雨径流通过小区出口(径流槽)进入接流池。每次监测对接流池内的泥沙厚度 h 进行测量,根据接流池池底面积算出每个小区的水力侵蚀土壤流失量 r。在量测后清空接流池,以备后用。

5.2.1.3　风力侵蚀土壤流失量

本监测细则在水力、风力交错监测区布设风力侵蚀固定监测点 2 处,在风力侵蚀监测区布设风力侵蚀固定监测点 2 处。监测方法采用插钎法。每个监测点布设 9 根钢钎,间距 1 m,每个监测小区面积 4 m²。钢钎插入后在出露地面处用漆涂红,监测时用卷尺测量涂红处距地面的距离,即为风力侵蚀厚度 h。

监测点风力侵蚀土壤侵蚀量 r 由式(20)计算:

$$r = \left(\sum_{i}^{9} h/9 \right) \times 4 \quad\quad (20)$$

式中 h——风力侵蚀厚度,m;

$\quad\quad 9$——每个监测区钢钎数量,根;

$\quad\quad 4$——每个监测区面积,m²。

5.2.2 阀室工程区、穿越工程区及伴行路工程区

阀室工程区、穿越工程区及伴行路工程区的土壤流失量采用调查法获得。调查时根据径流痕迹,测量径流痕迹宽度、长度及厚度,估算监测点土壤流失量,并计算监测点土壤流失量均值,根据阀室、穿越工程数量及伴行路长度计算各工程区的土壤流失量。

5.3 水土保持措施数量及防治效果监测

水土保持措施数量监测以附表3-16为依据。采用巡查的方法进行监测。根据附表3-16给出的措施种类、数量,沿线分布,前往工程地点进行监测。工程措施采用皮尺测量工程规模和几何尺寸,记录长度、宽度、厚度等要素;植物措施面积监测时,点型工程采用皮尺测量,线型工程采用皮尺测量宽度,踏勘记录措施实施区域的桩号,记录长度。物种现场记录,生长势及盖度采用目测法获取。

5.4 气象因子观测

气象因子包括降雨、风速、风力、风向等,主要供国家监测网络分析研究各地水土流失成因使用,也是本项目特发事件分析的资料依据。鉴于本项目沿线国家气象观测网站分布密集,可采用国家网站观测资料,不再布设监测站点。

5.5 监测记录表式

监测记录表格制作依据上述监测项目及监测数据获取方式进行。

5.5.1 扰动面积、挖填土石方及工程进度监测记录表式

5.5.1.1 作业带工程区

记录监测次第、监测时间、作业带宽度,管沟开挖口宽、底宽、深度、工程进度等。同时,还应反映监测点的基本情况,如经纬度、地面高程、桩号、土地利用类型等。监测记录表式见附表5-1。

附表 5-1　作业带工程区扰动面积、挖填土石方及工程进度监测记录表

第　监测点

地理位置	经度		高程		土地利用类型	
	纬度		桩号			
监测次第	监测时间	扰动面积监测	挖填土石方监测			工程进度	
		宽度(m)	口宽(m)	底宽(m)	深度(m)	开工时间	完工时间

5.5.1.2　阀室工程区

记录监测点基本情况，扰动面积，基础开挖宽度、深度、长度，以及室外场地平整情况。监测记录表式见附表 5-2。

附表 5-2　阀室工程区扰动面积、挖填土石方及工程进度监测记录表

第　监测点

地理位置	经度		高程		土地利用类型		
	纬度		桩号				
场地平整情况		长度(m)		宽度(m)		深度(m)	
监测次第	监测时间	扰动面积监测		挖填土石方监测			工程进度	
		宽度(m)	长度(m)	宽度(m)	长度(m)	深度(m)	开工时间	完工时间

·235·

5.5.1.3 穿越工程区

记录施工扰动面积,穿越施工场地挖填土石方及监测点基本情况。监测记录表式见附表5-3。

附表5-3 穿越工程区扰动面积、挖填土石方及工程进度监测记录

第 监测点

地理位置	经度		高程		土地利用类型			
	纬度		桩号					
监测次第	监测时间	扰动面积监测		挖填土石方监测			工程进度	
		宽度(m)	长度(m)	宽度(m)	长度(m)	深度(m)	开工时间	完工时间

5.5.1.4 伴行路工程区

记录伴行路宽度、挖填土石方及调查点基本情况。监测记录表式见附表5-4。

附表5-4 伴行路工程区扰动面积及挖填土石方及工程进度调查表

地理位置	经度		高程		土地利用类型	
	纬度		桩号			
监测时间	扰动面积监测	边坡挖填土石方监测			工程进度	
	宽度(m)	高度(m)	底度(m)	坡度(°)	开工时间	完工时间

5.5.2 土壤流失量监测记录表式

5.5.2.1 作业带工程区

作业带工程区土壤流失量监测记录表分为水力侵蚀监测记录和风力侵蚀监测记录2种。

水力侵蚀监测记录应记录监测次第、监测时间、泥沙厚度等。同时,要反映监测小区的基本情况,即小区长度、宽度、土地利用类型等。监测记录表式见附表5-5。

附表5-5 作业带工程区水力侵蚀监测记录表

第　监测点

地理位置	经度		高程		土地利用类型	
	纬度		桩号			
监测小区基本情况	长度(m)		宽度(m)		面积(m²)	
接流池尺寸	长度(m)		宽度(m)		深度(m)	
监测次第	监测时间	泥沙厚度(cm)	侵蚀量(m³)	监测次第	监测时间	泥沙厚度(cm)	侵蚀量(m³)

风力侵蚀监测记录监测次第、监测时间,每根钢钎距地面距离,以及监测小区基本情况。监测记录表式见附表5-6。

附表 5-6　作业带工程区风力侵蚀监测记录表

第　　监测点

地理位置	经度		高程		土地利用类型	
	纬度		桩号			
监测小区基本情况	长度（m）		宽度（m）		面积（m²）	

监测次第	监测时间	钢钎距地面距离（cm）															单位面积流失量（m³）
		1	2	3	4	5	6	7	8	9	10	11	12	13	14	平均	

5.5.2.2　阀室工程区、穿越工程区及伴行路工程区

记录径流痕迹，包括长度、宽度及淤积厚度，以及调查点基本情况。监测记录表式见附表 5-7。

附表 5-7　阀室工程区、穿越工程区及伴行路工程区土壤流失调查监测记录表

地理位置	经度		高程		土地利用类型	
	纬度		桩号			
监测次第	监测时间	径流痕迹调查			
		长度（m）	宽度（m）	淤积厚度（m）	流失量（m³）

5.5.3 水土保持措施数量及防治效果监测记录表式

水土保持措施数量及防治效果监测记录措施类型、规模、几何尺寸、进度及监测点基本情况等。本项目水土保持方案将各类水土保持措施明细至各县(区),监测记录应按各县(区)记录。

5.5.3.1 挡土墙

记录所在县(区)、监测单元、挡土墙规模、几何尺寸、外观观感及进度。监测记录表式见附表5-8。

附表5-8 水土保持设施(挡土墙)监测记录表

所在县(区)		监测单元		监测方法			
经度		纬度		高程		桩号	
监测次第	监测时间	长度(m)	高度(m)	顶宽(m)	底宽(m)	外观观感	进度(%)

5.5.3.2 干砌石护坡

记录所在县(区)、监测单元、护坡规模、几何尺寸、外观观感及进度。监测记录表式见附表5-9。

附表5-9 水土保持设施(干砌石护坡)监测记录表

所在县(区)		监测单元		监测方法			
经度		纬度		高程		桩号	
监测次第	监测时间	长度(m)	高度(m)	顶宽(m)	底宽(m)	外观观感	进度(%)

5.5.3.3 截(排)水沟

记录所在县(区)、监测单元、截(排)水沟规模、几何尺寸、外观观感及进度。监测记录表式见附表5-10。

附表5-10 水土保持设施(截(排)水沟)监测记录表

所在县(区)			监测单元		监测方法		
经度		纬度		高程		桩号	
监测次第	监测时间	长度(m)	口宽(m)	底宽(m)	深度(m)	外观观感	进度(%)

5.5.3.4 农地简易排水沟

记录内容同截(排)水沟,监测记录表式见附表5-11。

附表5-11 水土保持设施(农地简易排水沟)监测记录表

所在县(区)			监测单元		监测方法		
经度		纬度		高程		桩号	
监测次第	监测时间	长度(m)	口宽(m)	底宽(m)	深度(m)	外观观感	进度(%)

5.5.3.5 土地复垦

记录土地复垦面积、地表平整度、农作物品种及生长势等。监测记录表式见附表 5-12。

附表 5-12   水土保持设施(土地复垦)监测记录表

所在县(区)		监测单元		监测方法	
地理位置		经度		高程	
		纬度		桩号	
监测次第	监测时间	面积(hm^2)	地表平整度描述	农作物品种及生长势	进度(%)

5.5.3.6   土地整治

记录整治方式、整治面积、平整度等。监测记录表式见附表 5-13。

附表 5-13   水土保持设施(土地整治)监测记录表

所在县(区)		监测单元		监测方法	
地理位置		经度		高程	
		纬度		桩号	
监测次第	监测时间	整治方式	整治面积(hm^2)	地表平整度描述	进度(%)

5.5.3.7　田坎浆砌石

记录浆砌石田坎长度、高度、顶宽、底宽,以及外观观感和进度等。监测记录表式见附表5-14。

附表5-14　水土保持设施(田坎浆砌石)监测记录表

所在县(区)			监测单元		监测方法		
经度		纬度		高程		桩号	
监测次第	监测时间	长度(m)	高度(m)	顶宽(m)	底宽(m)	外观观感	进度(%)

5.5.3.8　撒播种草

记录长度、宽度、面积、品种、覆盖度、进度等。监测记录表式见附表5-15。

附表5-15　水土保持设施(撒播种草)监测记录表

所在县(区)			监测单元		监测方法		
经度		纬度		高程		桩号	
监测次第	监测时间	长度(m)	宽度(m)	面积(hm^2)	品种	覆盖度(%)	进度(%)

5.5.3.9 植树

记录栽植时间、树种、数量、树高、胸径、树冠郁闭度等。监测记录表式见附表5-16。

附表5-16 水土保持设施(植树)监测记录表

所在县(区)			监测单元		监测方法		
经度		纬度		高程		桩号	
监测次第	监测时间	栽植时间	树种	数量(株)	树高(m)	胸径(mm)	郁闭度(%)

5.5.3.10 砾石压盖

记录压盖长度、宽度、面积、厚度、砾石量、进度等。监测记录表式见附表5-17。

附表5-17 水土保持设施(砾石压盖)监测记录表

所在县(区)			监测单元		监测方法		
经度		纬度		高程		桩号	
监测次第	监测时间	长度(m)	宽度(m)	面积(m^2)	厚度(cm)	砾石量(m^3)	进度(%)

5.5.3.11 草方格沙障

记录长度、宽度、面积、所用材料、草方格种类、进度等。监测记录表式见附表5-18。

附表5-18 水土保持设施(草方格沙障)监测记录表

所在县(区)			监测单元		监测方法		
经度		纬度		高程		桩号	
监测次第	监测时间	长度(m)	宽度(m)	面积(m²)	用材	种类	进度(%)

5.6 监测设施建设及设备购置

根据前述监测项目及监测内容,径流小区、风蚀监测小区建设及其他监测项目所需的材料汇总于附表5-19。

附表5-19 监测设备设施材料汇总

设施建设					
措施名称		浆砌砖(m³)	混凝土(m³)	钢钎(根)	钢钎
径流小区	混凝土边墙		6		
	砖砌集流槽	26.00			
	砖砌接流槽	54.00			
风蚀小区	钢钎			120	按2次布设考虑

观测设备

	名称	数量	单价(元)	合计(元)
径流泥沙观测	电子天平(台)	1	15 000	15 000
	比重计(只)	12	50	600
	三角瓶(个)	30	20	600
	烘箱(台)	1	3 500	3 500
	水桶、铁铲、量筒等(批)	1		5 000
面积调查监测	GPS 定位仪(个)	1	5 200	5 200
	皮尺(把)	2	100	200
必备设施	摄像设备(台)	1	7 000	7 000
	笔记本电脑(台)	1	12 000	12 000
	通信设备(个)	1	5 500	5 500

6 预期成果及其形式

项目监测成果包括水土保持阶段监测报告(季报)和水土保持监测报告。水土保持阶段监测报告(季报)于每季度第一个月的 5 日前报送,季报反映监测过程中建设项目水土保持工作情况、水土保持措施建设情况,特别是因工程建设造成的水土流失及其防治的意见和建议。水土保持监测报告在项目监测完成后报送,内容包括综合说明、监测依据、项目及项目区概况、监测设施布设、监测内容和方法、监测组织与质量保证,以及监测数据分析、监测结论与建议等章节,还包括有关附图、附表、照片和摄影资料等。

6.1 文字资料

(1)《宁夏石化成品油外输管道工程水土保持监测实施细则》；

(2)《宁夏石化成品油外输管道工程 2012～2013 年各季度监测报告表》；

(3)《宁夏石化成品油外输管道工程 2012 年水土保持监测报告》；

(4)《宁夏石化成品油外输管道工程 2013 年水土保持监测报告》；

(5)《宁夏石化成品油外输管道工程水土保持监测总结报告》。

6.2 附图

(1)宁夏石化成品油外输管道工程地理位置图；

(2)宁夏石化成品油外输管道工程水土流失防治责任范围图；

(3)宁夏石化成品油外输管道工程水土保持监测点分布图；

(4)宁夏石化成品油外输管道工程水土保持措施总体布置图。

6.3 照片和摄影资料

水土保持工程实施期间,水土流失及其治理措施动态监测场景的照片、录像等资料。

6.4 附件

监测技术服务合同和水土保持方案批复函。

7 经费预算

7.1 编制依据

(1)《水土保持工程概(估)算编制规定》(水利部水总[2003]67号);

(2)《水土保持工程概算定额》;

(3)《工程勘察设计收费管理规定》(国家计委、建设部计价格[2002]10号);

(4)《关于开发建设项目水土保持咨询服务费用计列的指导意见》(水保监[2005]22号);

(5)国家发展改革委、建设部《关于印发〈建设工程监理与相关服务收费管理规定〉的通知》(发改价格[2007]670号)。

7.2 有关费率的取费标准

7.2.1 直接工程费

直接工程费是直接费、其他直接费与现场经费三部分费用之和。

7.2.2.1 直接费

直接费包括人工费、材料费、机械使用费等。计算公式为:

$$人工费 = 定额劳动量(工日) × 人工预算单价(元/工日)$$

$$材料费 = 定额材料用量 × 材料预算单价$$

$$机械使用费 = 定额机械使用量(台时) × 施工机械台时费$$

7.2.2.2 其他直接费

其他直接费计算公式为:

$$其他直接费 = 直接费 × 其他直接费费率$$

按工程措施,其他直接费费率为1.5%。

7.2.2.3 现场经费

现场经费计算公式为:

$$现场经费 = 直接费 \times 现场经费费率$$

按工程措施,现场经费费率为5.0%。

7.2.2 间接费

间接费计算公式为:

$$间接费 = 直接工程费 \times 间接费费率$$

按工程措施,间接费费率为4.0%。

7.2.3 企业利润

企业利润计算公式为:

$$企业利润 = (直接工程费 + 间接费) \times 企业利润率$$

按工程措施,企业利润率为7.0%。

7.2.4 税金

税金计算公式为:

$$税金 = (直接工程费 + 间接费 + 企业利润) \times 税率$$

按工程措施,税率为3.22%。

7.3 预算经费

本监测预算经费49.79万元,其中:监测设施建设费3.63万元,观测设备购置费7.76万元,人员工资、差旅费及车辆租用费37.34万元,资料印刷费1.06万元(费用计算表略)。

各年度费用:2012年30.37万元,2013年19.42万元(表略)。

8 监测工作组织与质量保证体系

8.1 监测人员组成

根据《水土保持生态环境监测网络管理办法》及《水土保持监

测技术规程》(SL 277—2002)的要求,实行严格的工作准入制度,按照国家有关规定,项目区的监测工作必须由持有监测资质的单位和持有上岗资格证的技术人员完成,杜绝无资质单位和无证人员进入监测工作领域。本项目监测工作由独立法人单位——黄河水利委员会西峰水土保持科学试验站组织实施,该站始建于1951年,积累了60余年的试验研究资料。目前,已有13人取得了水土保持监测上岗证书,且取得了水利部颁发的水土保持监测甲级资质,负责组织、协调、成立项目区监测机构,承担完成项目区水土保持监测工作。监测人员组成详见附表 8-1(略)。

8.2　监测质量控制体系

为保障各项监测工作顺利开展,黄河水利委员会西峰水土保持科学试验站成立了监测项目领导小组,负责项目监测的管理和协调工作。

机构法人代表:×××

组长:×××

副组长:×××

8.3　管理措施

制定详细的、具有操作性的监测实施细则。实行项目主持人负责制,责任到人,任务明确,保障监测工作顺利实施。

8.4　资金保证措施

按照国家有关政策精神,要及时做到水土保持监测费用足额到位,实行专款专用,并自觉接受监理单位和审计部门对资金流向及使用情况的监督检查,确保监测费用足额及时到位,保证监测工作顺利进行。

8.5　技术保证措施

建立完善的项目监测工作机构,配备专业队伍,加强对监测工作人员的技术培训,提高监测人员的业务水平。强化对定点监测专业知识的培训,明确项目内容的监测技术标准和技术步骤。同时,加强水土保持监测部门间的技术交流与合作,加强专业基础知识学习和监测技术培训,使监测人员精通业务,熟练掌握先进的科学技术。

8.6　制度保障措施

为了使监测结果准确可靠,能够真正为工程建设和控制区域水土流失服务,建立项目区水土保持监测资料的档案管理制度、监测人员管理技术规范制度、监测信息网络管理及传输制度、监测人员培训制度等。每次监测前对监测仪器、设备进行检验校核,合格后方可投入使用;对监测结果进行统计分析,作出简要评价,及时报送业主及当地水土保持行政主管部门,以便对工程建设和运行进行监督。

附录 2

监测报告表(节选)

生产建设项目水土保持监测季度报告表

监测时段:2012 年 3 月 31 日至 2012 年 6 月 30 日

项目名称		宁夏石化成品油外输管道工程			
建设单位联系人 及电话	××× ××××	监测项目负责人(签字):		生产建设单位(盖章)	
填表人 及电话	××× ××××	年　月　日		年　月　日	
主体工程进度		工程自 2012 年 3 月 15 日开工,至 6 月 30 日,完成布管 250.96 km,开挖管沟 141.91 km,完成一次性管沟回填 130.10 km,二次回填 129.18 km,完成农地恢复 59.25 km,原地貌恢复(沙漠及戈壁荒漠)64.5 km。完成河流、公路、铁路穿越 4 处			
指标		设计总量	一季度	本季度	累计
扰动土地面积 (hm²)	合计	745.07	6.88	171.54	178.42
	管道作业带区	668.38	6.88	171.24	178.12
	各类穿越区	9.35		0.30	0.30
	站场区	2.18			
	阀室区	0.93			
	道路工程区	60.95			
	供电工程区	3.28			
占压植被面积 (hm²)	合计	709.25	4.10	119.81	123.91

土石方挖填量 （万 m³）	合计	341.85	2.51	0.43	0.43
	管道作业带区	245.88	2.51		
	各类穿越区	2.56		0.43	0.43
	站场阀室区	1.44			
	道路工程区	92.63			
	供电工程区	1.34			
意见和建议	1. 严格施工操作，规范施工作业，将施工作业带控制在水土保持方案规定的 18 m 范围内； 2. 严格设计变更审批制度，对需要加大扰动范围的特殊地段，应经过制度化的审批程序后方可实施，禁止施工单位擅自变更，或避免先实施后报批的情况发生； 3. 按水土保持方案要求实施表土剥离及其临时防护措施； 4. 施工阶段涉及扰动面积、工程土石方及水土保持措施类型、数量变更的情况时，应及时将有关变更文件传达给项目组，以便监测工作与工程实际对接； 5. 在石质地段，管道上下坡的砾石压盖措施，应做成石笼压盖，以增强抗冲能力； 6. 碴口县境内的草方格宽度与未扰动区衔接即可				

参 考 文 献

[1] 李智广.开发建设项目水土保持监测[M].北京:中国水利水电出版社,
2009.
[2] 中华人民共和国水利部.关于规范生产建设项目水土保持监测工作的
意见[Z].2009.
[3] 中华人民共和国水利部.SL 277—2002　水土保持监测技术规程[S].北
京:中国水利水电出版社,2002.